第一次飼養也能相親相愛！

可愛的兔子
飼育法

田園調布動物醫院院長
田向健一 ● 監修
彭春美 ● 譯

U0052262

漢欣文化事業有限公司
Han Shin Cultural Enterprise Co., Ltd.

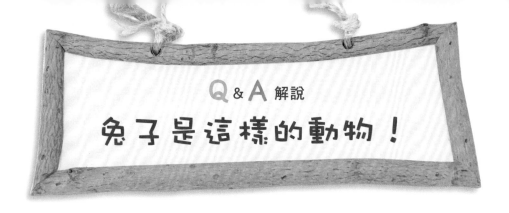

兔子是這樣的動物！

Q 兔子也像狗或貓一樣有品種之分嗎？

A 有足以令人驚訝的眾多品種。

　　寵物兔有立耳或垂耳、小型或大型、被毛的顏色或長度不同的兔子等等，品種非常多。另外，不只是純種，將不同品種的兔子交配後產下的混種兔（迷你兔）也是很受人喜愛的寵物。每種兔子的性格各有差異，照顧上所需的時間和對待方式也不一樣。一般來說，垂耳的品種大多個性穩重，長毛種在梳毛上比短毛種要費時費工。如果想要飼養大型的兔子，就必須有相對寬廣的飼養空間。不妨根據這些資訊，先來掌握適合自己生活型態的兔子種類吧！

兔子的品種▶▶▶翻到13頁

左／澤西長毛兔
右／荷蘭垂耳兔

A 牠們是很喜歡吃紅蘿蔔，
不過主食是顆粒飼料和牧草。

在許多繪本或故事中經常會描繪兔子吃紅蘿蔔的模樣，因此或許有很多人誤以為兔子的主食是紅蘿蔔。兔子的確非常喜歡紅蘿蔔的味道，只要給牠吃，幾乎所有的兔子都會吃得很高興。不過，只用紅蘿蔔是無法健康地飼養兔子的。兔子的主食是食物纖維豐富的牧草，以及營養均衡的兔子專用飼料（顆粒飼料）。為了預防兔子的疾病，也要注意正確的飲食生活才行。

兔子的飲食▶▶▶翻到105頁

荷蘭侏儒兔

3

A 建議飼養在溫度和濕度
比較容易管理的室內。

對於以做為寵物為目的而反覆進行品種改良的兔子來說，在氣溫時高時低的室外生活是非常嚴酷的。雖然可以養在室外，不過溫度和溼度的管理並不容易，也可能會遭到外敵的攻擊而導致受傷，或是因為寄生了跳蚤或蟎蟲而生病。兔子很容易因為壓力而導致身體衰弱，所以特別是初次飼養的人，建議還是在室內飼養會比較好。

要準備的物品和適合放置籠子的場所▶▶▶翻到51頁

荷蘭侏儒兔

Q 單隻飼養是否會讓牠感到寂寞？

A 倒不如說單獨飼養會更舒適。
不能將好幾隻兔子飼養在同一個籠子中！

雖然傳言說「兔子只要寂寞就會死掉」，但實際上兔子具有強烈的地盤意識，不喜歡他者侵入自己的勢力範圍內。請記住，即使是複數飼養，基本上還是要有個別的籠子。還有，雖然有些動物是能夠和兔子一起生活的，但也有些是最好避免同居的動物。在將兔子帶回家前，請先做過確認。

挑選兔子的方法以及與其他動物的相容度▶▶▶翻到39頁

迷你兔

A 和牠一起生活，
就能夠漸漸了解兔子的感情。

　　和貓狗相比，兔子不太有表情變化，也幾乎不會有叫聲，因此飼主可能會感到不安，不確定自己是否了解兔子的心情。其實，兔子意外地擁有強烈的自我主張，會以各式各樣的行為動作來傳達心情。只要一起生活下去，應該就會漸漸理解兔子的心情。由於兔子非常敏感，只要一點小事就會承受壓力，所以飼主最好要理解兔子的身體語言，好好地跟牠相處吧！

了解行為動作的意義▶▶▶翻到89頁

荷蘭侏儒兔

Q 可以帶牠出去散步嗎？

A 只要做好萬全的寒暑對策，
也可以帶牠一起出門。

可以將兔子帶出門，或是帶牠一起去旅行。最近似乎也很流行和兔子出門散步的「遛兔」。但是，環境改變和溫度變化對兔子來說是很大的壓力。要將兔子帶出去外面，必須有相當的對策。只不過，難免還是會有生病或受傷等必須帶到動物醫院等外出的情況，所以最好從平日就某種程度地讓牠習慣提籠和外出吧！

帶出去散步 ▶▶▶ 翻到96頁
一起外出 ▶▶▶ 翻到102頁

荷蘭侏儒兔

7

可愛的
兔子
飼育法
Contents

9

Chapter.5 兔子的飲食 …………………… ⑩⑤

Chapter.6 身體的護理和各個季節‧年齡層的照顧 …… ⑪⑨

給接下來要飼養兔子的各位

　　兔子在日本成為了繼狗、貓之後的人氣寵物。牠有長長的耳朵和圓滾滾的眼睛，是讓所有看到牠的人內心都會溫暖起來的動物。

　　從不會叫也不需要每天散步來看，大概可以說兔子是最適合現代生活的寵物吧！不過，和貓狗等肉食性動物不同，草食性的兔子是處於極為弱勢的動物，擁有不耐環境變化和壓力的一面。

　　為了要長久健康地飼養兔子，必須要充分地了解牠們才行。兔子的壽命有6～10年。能夠在一起的時間看似很長，其實很短。兔子如果沒有飼主將無法存活。請從兔子的立場出發，以正確的關愛來飼養，一定能夠擁有任何事物都無法改變的快樂時光！如果本書能提供任何幫助的話，那就太好了。

田園調布動物醫院院長
田向健一

Chapter

1

人氣10大品種
目錄

人氣品種目錄

寵物兔的品種和顏色都很豐富。在此介紹寵物兔的當紅品種，希望大家都能遇見自己喜愛的兔子。

世界上的寵物兔有 150 種以上

據説，世界上光是寵物兔就超過了150種。有小型或大型、被毛長的或短的、立耳或垂耳的兔子等等，個性也是各不相同。近年來的日本，似乎以小型兔特別受人喜愛。不只是外觀，性格上也會依品種而有不同的特徵，不妨做為選擇時的參考。

人氣的寵物兔品種

小 型

中 型

雷克斯兔（短毛、立耳）
英國安哥拉兔（長毛、立耳）
道奇兔（短毛、立耳）

大 型

兔子MEMO

認定品種的 ARBA是？

ARBA是指「American Rabbit Breeders Association（美國兔子繁殖者協會）」。包含美國在內，全世界共有超過2萬4千名會員。這是以寵物兔的普及啟蒙、品種改良和新品種開發為目的的協會，每年都在各地舉辦許多兔展活動。日本的兔子專門店販售的也大多是ARBA公認品種的兔子。

也有各式各樣的毛色變化

　　兔子的毛色變化非常豐富。像是荷蘭侏儒兔或荷蘭垂耳兔的公認毛色就有超過30色，如果再加上碎花系，就有將近倍數的顏色數。除了毛色之外，ARBA也制定了相對於毛色的眼睛和爪子的顏色。在此，要從ARBA制定的標準（品種基準）色系中，為大家介紹本書中有出現的6個種類。

色系和毛色例

軀體、頭部、耳朵、四肢、尾巴全部是相同顏色的族群。有黑色、藍色、巧克力色、紫丁香色、藍眼白色、紅眼白色等毛色名稱。

純色系

巧克力色
（荷蘭侏儒兔）

特徵是從背部到尾巴，深色會漸漸變淡，有如暹邏貓般的類型。有黑貂重點色、暹邏黑貂色、暹邏煙薰珍珠色、玳瑁色等毛色名稱。

漸變色系

黑貂重點色
（荷蘭垂耳兔）

黃褐圖案系

特徵是眼睛周圍、耳朵內側、顎下、腹部到胸部、尾巴下方是白色的，其他部分則為ARBA公認的顏色。特徵是毛色名的後方附有「otter」者，表示頸部後面的被毛是橘色或是淺橘色；附有「marten」者則為白色。

黑水獺色
（荷蘭侏儒兔）

碎花系

在白色的底色上有各種公認顏色的斑紋。可以分為有小斑紋星佈的斑點型和大斑紋的絨毯型2種。在毛色名的前方會有「Broken」字樣。

碎花橘色
（荷蘭垂耳兔）

特徵是一根毛有3種以上的顏色，只要吹開被毛，就會出現環圈圖案。眼睛周圍、腹部、顎下、尾巴下方的身體顏色為淡色或白色。有栗子色、金吉拉色、山貓色、蛋白石色、松鼠色等毛色名稱。

野鼠色系

金吉拉色
（荷蘭侏儒兔）

乍看之下，身體、頭部、耳朵、腳、尾巴都是相同的顏色，但其實眼睛周圍、耳朵內側、尾巴和顎下、腹部都是稍淺的色系。有奶油色、淺橘色、橘色等毛色名稱。

寬帶紋系

奶油色
（荷蘭垂耳兔）

荷蘭侏儒兔

Netherland Dwarf

Data

原產國：荷蘭

體重：0.8～1.3kg

體長：18cm左右（※）

※ 以4隻腳站立時，頸根部到尾根部的長度做為大致標準。

Group

漸變色系

color

暹邏黑貂色

全身為暗褐色，顏色往身體側面、胸部、腹部、腳的內側、尾巴下側逐漸變淡。眼睛為褐色。

特徵

侏儒就是「小」的意思。正如其名，在純種中是體型最小的兔子。一般認為牠們是名為道奇兔（Dutch）的品種突變產生的波蘭種和小型野生種交配後，偶然產生的品種。以耳朵較小，臉不管從哪個角度看都是圓的為理想。毛色豐富，在全世界都很受歡迎。

性格

似乎多是好奇心旺盛、活潑、頑皮的個體。基本上對飼主很親近，但是也有好強之處，也有些會對飼主的行動較為敏感，或是討厭被人觸摸。會表現出各種不同的動作或表情，這正是荷蘭侏儒兔的魅力。請配合牠的個性來對待牠吧！

所謂的純種是？

讓相同品種的兔子彼此交配所產下的就稱為純種，因為是以排除遺傳上的缺陷，在健康和性格上沒有問題的個體做為目標反覆進行繁殖的，所以一般認為大多是強壯又容易飼養的兔子。

Group

純色系

color
紅眼白色

全身覆蓋著純白色的被毛。眼睛顏色是鮮紅色的瞳孔加上淡粉紅色的虹膜。

color
巧克力色

全身都是像巧克力般的深褐色。特徵是柔和又有光澤的色調。眼睛為褐色。

眼睛也有各種顏色

兔子的眼睛顏色有好幾種，在ARBA的標準上，也制定了相對於毛色的眼睛顏色。有藍色、寶石紅（粉紅）色、褐色、藍灰色、大理石色等。

藍灰色

寶石紅
（粉紅）色

褐色

荷蘭侏儒兔
Netherland Dwarf

Group
黃褐圖案系

color
藍銀貂色

藍色基本色和銀白色的組合。頸後有銀白色的記號。眼睛為藍灰色。

color
黑水獺色

黑色基本色和乳白色的組合。頸後有橘色的記號。眼睛為褐色。

color
巧克力水獺色

巧克力基本色和乳白色的組合。頸後有橘色的記號。眼睛為褐色。

color
黑貂色
暗褐色基本色和銀白色的組合。
頸後有銀白色的記號。眼睛為褐色。

color
藍水獺色
藍色基本色和乳白色的組合。頸後
有淺橘色的記號。眼睛為藍灰色。

color
紫丁香水獺色
紫丁香基本色和乳白色的組合。
頸後有淺橘色的記號。眼睛為藍
灰色。

頸後被毛的顏色有2種

關於黃褐圖案系特徵的頸後三角形被毛（記
號），名稱附有「otter」者是橘色或淺橘色，
附有「marten」者則為銀白色或乳白色。

毛色名稱附有「marten」
的個體，記號為白色系。

毛色名稱附有「otter」
的個體，記號為橘色或
淺橘色。

荷蘭侏儒兔
Netherland Dwarf

Group

野鼠色系

color
蛋白石色
藍色和淺橘色混合的顏色。所有的野鼠色系的腹部都是白色系的。眼睛為藍灰色。

color
松鼠色
藍色和白色混合的顏色。眼睛為藍灰色。

野鼠色系的毛一根有超過3種顏色
野鼠系的顏色特徵是，每一根毛從毛根到毛尾都分成了3種以上的顏色。因此，如果對著被毛吹氣，就會依照毛色的濃淡度出現漂亮的環圈狀花紋。

color
金吉拉色

黑色和珍珠白混合的顏色，看起來有如芝麻鹽狀為其特徵。眼睛為褐色。

color
栗子色

淺棕色和黑色混合的顏色。眼睛為褐色。

Group

AOV

（其他變化色）

color
橘色

比淺橘色深的橘色，白色部分和淺橘色一樣。眼睛為褐色。

color
淺橘色

原文的「Fawn」是幼鹿的意思。整體呈現較淺的橘色，腹部、前腳後側、後腳內側、顎下是白色的，眼睛為藍灰色。

何謂AOV？

AOV（Any Other Variety）表示不屬於任何色系的顏色。就荷蘭侏儒兔來說，另外還有碎花（broken）、喜馬拉雅（Himalayan）、鋼色（steel）等。此外，即使同為橘色或淺橘色，荷蘭垂耳兔和美國長毛垂耳兔則屬於寬帶紋系。

温和的性格和垂耳是魅力所在

荷蘭垂耳兔 小型 短毛 垂耳

Holland Lop

Data
原產國：荷蘭
體重：1.3～1.8kg　體長：21cm左右

Group

純色系

color
藍色

全身給人沉穩印象的帶藍深灰色是其特徵。眼睛為藍灰色。

特徵

在垂耳品種裡體型最小，是寵物兔中的人氣品種。起源於荷蘭，由侏儒種和法國垂耳兔交配所產生。在改良的過程中，也使用了英國垂耳兔來進行交配。美國在1980年登錄為品種。體型雖小，不過體格健壯。頭頂部長有稱為「冠毛」的長毛。

性格

整體來說，大多是性格溫厚乖巧的兔子，在歐美也使用在動物療法上。不管是懷抱或撫摸都能比較輕鬆地做到，可以說是容易進行梳毛和護理的品種。雖然也很推薦給初次飼養的人，但因為個性親人又愛撒嬌，若是不理牠的話，有些兔子可能會因而感到不滿。

Group

漸變色系

color

藍玳瑁色

藍色和淺橘色混合而成的顏色。在鼻子周圍和耳朵、腳、尾巴形成深色的漸層。眼睛為藍灰色。

color

玳瑁色

帶有橘色的褐色，在體側、鼻子、耳朵、腳、尾巴形成黑色漸層。眼睛為褐色。

color

黑貂重點色

以奶油色為基調，在鼻子、耳朵、腳、尾巴上側形成較深的暗褐色漸層。眼睛為褐色。

Group

野鼠色系

color

山貓色

淺橘色和紫丁香色混合而成的顏色。眼睛為藍灰色。

有厚度的短耳朵為其特徵

和其他的垂耳種相比，荷蘭垂耳兔的特徵是耳朵短且有厚度。以接在眼睛正側方、有著像湯匙般的形狀者為美麗的理想形狀。

荷蘭垂耳兔
Holland Lop

color
碎花霜白色

特徵是在亮珍珠色的基調色上有著淺灰色的斑紋。在鼻子、耳朵、腳形成稍微深一點的顏色。眼睛為褐色或藍灰色。

Group
碎花系

color
碎花黑貂重點色

在白色基調色上有著暗褐色斑紋的顏色。眼睛為褐色。

color
碎花藍色

在白色基調色上有著藍色斑紋的顏色。眼睛為藍灰色。

特徵是鼻子上的蝴蝶花紋

碎花系的特徵是鼻周的花紋，也被稱為「鼻子記號」。以蝴蝶展翅般地左右對稱者為理想。

color
碎花橘色

在白色基調色上有著亮橘色斑紋的顏色。眼睛為褐色。

花紋有2種類型

碎花可分為整體帶有細小斑紋的「斑點型」，以及整個背部有大色塊的「絨毯型」。即使同為碎花，但類型不同，給人的印象也會不一樣。

斑點型

絨毯型

Group
寬帶紋系

color
橘色

整體呈現明亮的橘色，腹部、腳的內側、頸下為白色。眼睛為褐色。

color
奶油色

帶有奶油色的淺咖啡色延續到毛根部，腹部、腳的內側、頸下、眼睛周圍為白色。眼睛為藍灰色。

絕佳的被毛觸感和溫和的性格很受人喜愛

澤西長毛兔 小型 長毛 立耳

Jersey Wooly

Group

ARBA 申請中

Data
原產國：美國
體重：1.3～1.6kg
體長：19cm左右

color
橘色

ARBA尚未公認的顏色。整體呈現明亮的橘色，腹部和腳的內側、顎下為白色。眼睛為褐色。

特徵

由荷蘭侏儒兔和法國安哥拉兔交配而誕生。名字的由來是創造出此品種的繁殖者的出生地，紐澤西州。特徵是被毛不易糾結，在長毛種中屬於比較容易照顧的品種。推薦給初次飼養兔子又希望是長毛種的人。

性格

個性非常溫和，大多數的個體不管是懷抱還是梳毛幾乎都不會抵抗。不太有自我主張且容易飼養；另一方面，因為很少主動撒嬌或是表現出不滿，因此也可以說在感情上比較難以捉摸。雖說照顧起來很簡單，但也不表示就可以不梳毛。

Group
碎花系

color
碎花橘色

ARBA尚未公認的顏色。在白色的被毛中有鮮明的橘色斑紋。

color
碎花暹邏黑貂色

在白色基調色上有著暗褐色斑紋的高雅顏色。眼睛為褐色。

color
碎花黑色

在白色基調色上有著黑色斑紋。眼睛為褐色。

額頭的長毛為其特徵

澤西長毛兔的特徵是耳朵之間長有稱為「wool cap（羊毛帽）」的長毛。看起來有如瀏海般，極具特色。

源自於荷蘭垂耳兔的長毛種

美國長毛垂耳兔
American Fuzzy Lop

Data
原產國：美國
體重：1.3～1.8kg　體長：21cm左右

Group
碎花系

color
碎花玳瑁色
在白色基調色上有著帶橘色的褐色斑紋。眼睛為褐色。

Group
漸變色系

color
玳瑁色
整體為帶有橘色的褐色，體側和耳朵、腳、尾巴有著深灰色漸層。眼睛為褐色。

特徵

這是由荷蘭垂耳兔和安哥拉兔交配產生荷蘭長毛垂耳兔後，再彼此進行交配、固定下來的品種。頭部呈圓形，從側面看時，有著好像被壓扁的扁平臉。特徵是被毛濃密，又不會過度柔軟。

性格

繼承了荷蘭垂耳兔與人親近的性格。但是，也有好奇心旺盛、自我主張較強的一面，所以可能會對飼主提出各種要求。被毛容易糾結，每天的梳理是不可欠缺的。

侏儒海棠兔

Dwarf Hotot

color
標準色

全身長滿純白色的被毛，眼周有黑色
或巧克力色的眼線。眼睛為褐色。

Data
原產國：德國
體重：1～1.3kg　體長：20cm左右

close up!
眼睛周圍有稱為「eyeband（眼線）」的黑色或巧
克力色記號。「眼線」以細而均一、顏色較深者
為理想。

特徵

這是由統一前的東西德的繁殖者在相同時期藉由不
同品種的交配所創造出來的相同品種，之後，再藉
由互相交配、改良而成的品種。有著和荷蘭侏儒兔
相似的體型，以純白被毛上有著黑色或巧克力色的
眼線（eyeband）為其特徵。

性格

繼承了荷蘭侏儒兔的血統，大多是好奇心旺盛且具
活動力的個體。此外，一般也認為本種較不像荷蘭
侏儒兔般嬌小。個性親人，對飼主很親近，也容易
照顧，可以說是比較容易飼養的品種。

29

鬃毛般的長毛和背部的短毛極具特色

獅子兔

Lion Head

📎 Data
原產國：一説為歐洲
體重：1.5～2 kg
體長：20cm左右

臉部和身體下側為長毛，不過背部是短毛。是非常有特色的品種。

color
黑水獺色

黑色基本色和乳白色的組合。
頸後有橘色記號。眼睛為褐色。

特徵

目前正在ARBA申請新品種的認定。如獅子般的鬃毛稱為「mane」。一般認為將來不只是臉周的鬃毛會變長，身體和臉部的毛則會變短，更有獅子的樣子。

性格

因為是新的品種，所以個性上也是五花八門，有活潑的也有膽小的。在日本販售的獅子兔大多是冠了「獅子」之名的類似獅子兔的他種兔子，而正在ARBA申請中的正宗獅子兔似乎還不太有商業買賣。

color
瑁玳色

整體為帶有橘色的褐
色，耳朵和臉部、腳尖
等則呈現灰黑色。眼睛
為褐色。

color
藍色

全身為輕柔的灰色。長毛部分顏色
較淡，短毛部分則較深。眼睛為藍
灰色。

color
山貓色

全身為淺橘色，混有淺灰色，
是標準色中尚未有的顏色。

color
藍玳瑁色

由淺灰色和帶有橘色的褐色
所組成。眼睛為藍灰色。

31

如天鵝絨般觸感絕佳的獨特被毛

迷你雷克斯兔 小型 短毛 立耳

Mini Rex

Data
原產國：美國
體重：1.5～2kg
體長：22cm左右

Group

碎花系

color
碎花橘色

整體為白色被毛，上面帶有鮮橘色
的斑紋。眼睛為褐色。

color
瑁玳色

不屬於任何色系的單
獨顏色。是帶有橘色
的褐色和灰黑色的組
合。眼睛為褐色。

color
海狸色

不屬於任何色系的單獨顏
色。整體為較深的栗褐
色，眼睛周圍和頸下則帶
有奶油色。眼睛為褐色。

特徵

這是在美國由荷蘭進口的小型雷克斯兔和雷克斯兔
交配所創造出來的品種。是美國人最喜愛、在兔展
中展出數最多的品種。細緻如天鵝絨般的被毛，只
要摸過一次就無法忘懷的觸感，是此品種最大的魅
力。

性格

整體來說是跟人親近，非常好動的類型。性格上大
多都是膽子較大且愛玩，很會撒嬌，不會討厭被人
懷抱或撫摸的兔子。腳底的毛較短，所以容易罹患
腳底皮膚炎。食慾旺盛，也是容易肥胖的類型，因
此在飲食的管理上請多注意。

33

超過 4.5 kg的最大型垂耳兔

法國垂耳兔 大型 短毛 垂耳

French Lop

Group

野鼠色系

Data
原產國：法國
體重：4.5～7kg
體長：50cm左右

color
栗子色
一根毛就擁有黑色、橘色、褐色的漸層色。頸後是橘色，眼睛為褐色。

特徵

這是由英國垂耳兔和近似佛萊明巨兔的蝴蝶兔所交配誕生的。是垂耳兔種中體型最大的品種。擁有健壯的骨骼，長到成兔後會超過4kg。

性格

典型的大型兔，個性溫和穩重，但因為會長到非常大，所以必須有寬敞的飼養空間。腳力強勁，被踢到的話後果嚴重。重要的是從平常就要充分進行感情交流，讓牠習慣身體被人撫摸。

擁有世界最長的耳朵，是最悠久的寵物兔

英國垂耳兔

English Lop

Group

漸變色系

Data
原產國：英國
體重：4～6kg
體長：40cm左右

color
瑁玳色
帶有橘色的褐色，體側、鼻尖、耳朵、腳、尾巴則為較深的黑色，形成了漸層色。

特徵
一般認為是寵物兔中最古老的品種，而且也是首次出現的垂耳品種，是目前受人喜愛的荷蘭垂耳兔和法國垂耳兔等的起源兔。令人驚訝的大耳朵是牠的特徵，耳朵越長越理想。

性格
體型龐大，個性卻非常溫和。頭腦好，一般認為可以和人一起好好生活。由於耳朵大到會被自己的腳踩到，所以必須注意避免被爪子鉤到。因為是大型種，必須有比小型種更寬敞的飼養空間。

毛色和形狀五花八門，大多是有特色的個體

迷你兔

Mini Rabbit

Data

原產國：依個體而異

體重：依個體而異

體長：依個體而異，約20～
30cm左右

白色和黑色的大理石花紋。
和碎花系有著不同的特色。

全身為橘色。鼻端、耳緣、
腳尖則略帶黑色。

特徵

在寵物店或居家購物中心的寵物攤位等都有販售，
全國各地都很容易取得，特點是比純種兔還要便
宜。因為是不同品種進行交配，或是迷你兔彼此交
配所產生的，所以體型大小和被毛長度都要等長大
後才會知道。毛色有無數種，選擇起來非常有趣。

性格

由各種不同品種混血而成，所以個性上也是五花八
門，有些比較好強，有些則比較穩重。正因為沒有
特定的共同性格，所以更具飼養樂趣，這點也可以
說是迷你兔的魅力。請配合個性來對待牠吧！

白色底色上有著橘色重點色，有如碎花般的毛色。

全身是柔和的灰色。鼻端和腳尖有些微白色。

白色×灰色的斑紋。耳朵的形狀也會反應出父母親的特徵。

關於迷你兔的顏色

迷你兔是總稱，由於都是混種，所以沒有固定的毛色名稱。店家大多會以ARBA等團體制定的毛色為參考，附加自創的毛色名稱，因此就算是相同的顏色，稱呼也可能會不一樣。

雖然名為迷你，卻可能長到很大！

雖然現在有各種不同類型的迷你兔，但是在更早以前，大多是由稱為日本白兔的大型兔和中型道奇兔交配所產生的。之所以稱為「迷你」，是表示牠比大型的日本白兔還要小的意思，其實有些甚至會長到比中型兔還要大。

兔子的分類

　　兔子以前被分類在哺乳類（哺乳綱）中的「囓齒目」。但是到了最近，因為其具有囓齒目動物（老鼠等）所沒有的特徵，所以被重新分類在「兔形目」中。

　　寵物兔的起源是來自於在地面挖掘洞穴生活的穴兔。雖然依照被毛的顏色變化或體型大小等有非常多種類的寵物兔，但是在分類學上全都屬於「穴兔」。

兔形目

鼠兔科
耳朵短，幾乎沒有尾巴。會像小鳥般鳴叫，日本幾乎沒有棲息，所以很難看到。

兔科

其他屬
穴兔屬之外的8屬。

穴兔屬

兔屬
出生時就全身有毛，通常不會結群，而是在地面單獨生活。具有長距離奔跑的耐力。

穴兔

寵物兔的起源

在家庭中做為寵物飼養的兔子，其祖先全都是穴兔。相對於野兔（兔屬），穴兔會在地面挖洞生活，一般認為其長距離奔跑的耐力較低。

挑選喜歡
的兔子

選擇的重點

選擇兔子時，除了外觀之外，還有其他必須考慮的事項。
在此要介紹其內容和選擇時的重點。

配合生活型態來選擇也很重要

寵物兔的品種豐富，一個品種甚至有超過30色的毛色變化。

無法決定要帶回哪隻兔子時，請以該隻兔子的性格和照顧的難易度、飼養空間的寬敞度等做為選擇的基準。只要能遇見配合自己生活型態的兔子，相信就能不勉強地、長久快樂地一起生活下去。

1. 體型大小

考慮是否能夠充分確保飼養空間

依照品種而異，成長情況也各有不同。有些品種在長到成兔後，體重約為1kg左右，也有些品種甚至會超過5kg。理所當然地，體型大的品種就必須要有相對寬敞的飼養空間。依照體型大小確保飼養空間，對於維持兔子的健康是非常重要的。請確認成兔後的大小，檢討是否能夠確保充分的飼養空間吧！

小型（約1～2kg）
- 荷蘭侏儒兔
- 荷蘭垂耳兔
- 澤西長毛兔
- 迷你雷克斯兔 等

中型（約2～5kg）
- 雷克斯兔
- 英國安哥拉兔
- 道奇兔 等

大型（5kg以上）
- 法國垂耳兔
- 英國垂耳兔
- 佛萊明巨兔 等

兔子MEMO

迷你兔
會有個體差異

純種兔能夠預測成長後的體型大小，而迷你兔因為是不同品種的個體或是迷你兔彼此交配而成的混種兔（雜種），因此難以預測其成長情況。長大後也有可能會超過3kg，因此選擇時也要考慮到這一點。

2. 毛質

長毛種比短毛種需要更多護理時間

長毛種的長被毛是其魅力所在，但因為比短毛種需要更仔細的梳毛，所以照顧上也頗費工夫。此外，怕熱的品種較多，夏天時必須特別注意。短毛種的腳底被毛也是短的，所以要特別注意腳底皮膚的疾病（兔腳瘡）。諸如此類的護理照顧需要花費多少時間等等，也都是選擇兔子的考量。

短毛種

腳底的毛稀少，因此必須注意腳底皮膚的疾病。

● 荷蘭侏儒兔（右圖）
● 荷蘭垂耳兔
● 侏儒海棠兔
● 迷你雷克斯兔 等

長毛種

梳毛或夏天的健康管理等，照顧上比短毛種稍微費工夫。

● 澤西長毛兔（右圖）
● 美國長毛垂耳兔
● 獅子兔 等

3. 耳朵的形狀

垂耳的品種必須注意耳朵的疾病

立耳

一般認為淘氣活潑的個體較多。

● 荷蘭侏儒兔（下圖）
● 澤西長毛兔
● 迷你雷克斯兔 等

垂耳

梅雨季或夏天時，耳朵的護理特別重要。

● 荷蘭垂耳兔（下圖）
● 美國長毛垂耳兔
● 法國垂耳兔 等

有直豎的耳朵非常可愛的立耳型，也有以下垂的耳朵為魅力所在的垂耳型。在溼度高的梅雨季或夏天時，尤其是垂耳的品種耳中特別容易悶熱，必須注意耳朵的疾病。但也並不表示立耳的品種就不需要進行耳朵的護理。

垂耳型的大多穩重溫和

兔子MEMO

一般認為立耳型的大多為淘氣活潑的品種，而垂耳型的則多為性格比較穩重溫和的品種。選擇兔子時性格也可以做為參考，但要注意會有個體差異。

4. 性別

雄性和雌性在行為上是有差異的。在青春期或迎向性成熟後，也有些行為會開始升級。由於性格極易受到品種或是個體差異的影響，無法一概而論，但還是有如下列所示比較常見的性別行為差異。

雄兔常見的行為
- 地盤意識強烈，到了青春期會有「噴尿行為（到處撒尿的行為）」。
- 會比雌兔更頻繁地用下巴摩擦各種東西（塗抹氣味）。

雌兔常見的行為
- 會出現沒有懷孕卻築巢的「假懷孕」行為。
- 懷孕後脾氣會變得暴躁。

兔子MEMO

雄兔和雌兔的分辨方法

雄兔的睪丸在出生後3個月前都隱藏於腹中，所以很難分辨幼兔的性別。撥開生殖器的被毛看看，末端尖突的是雄兔，呈現隙縫狀的則是雌兔。此外，生殖器和肛門之間距離較遠的是雄兔，較近的則是雌兔。

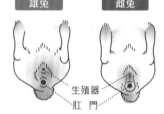

雄兔　　　　雌兔

生殖器
肛門

5. 複數飼養

確認各性別的適合度，籠子需要各自分開

請先確認兔子彼此間的適合度（參照下記）。只不過，對初次飼養兔子的人來說，在熟練照顧之前，建議只飼養1隻。

 雄兔 × 雄兔
彼此都有強烈的地盤意識，會經常打架，可能會造成受傷。

 雄兔 × 雌兔
如果沒有去勢、避孕的話，就會在飼主未察覺的情況下交配，生下小兔子。

 雌兔 × 雌兔
只有在非常不合的情況下才會發展成大打出手。

Point!

儘量在不同的籠子裡飼養吧！

有些兔子可以相親相愛地處在同一個籠子裡，不過隨著成長，關係也可能會變得惡化。為了避免糾紛，讓兔子們能夠在沒有壓力的情況下生活，最好從一開始就以不同的籠子、稍微分開距離地飼養。

6. 其他的動物

可以一起飼養的動物和最好避免的動物

草食動物的兔子在野生下經常是肉食動物的獵物。因此，和貓狗、雪貂等肉食動物同居，本能上對兔子來說會造成壓力。如果有養狗或貓，最好不要讓牠們進入兔子的飼養空間。不過，有些兔子在一起生活久了，也可能會逐漸習慣，能夠友好共處。

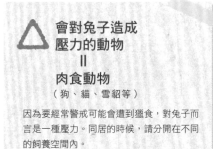

**○ 可以同居的動物
＝
草食動物**
（倉鼠、天竺鼠、小鳥等）

和兔子同為草食動物，可以同居。不過，跟倉鼠或天竺鼠會有共通的傳染病。

肉食動物好可怕！

**△ 會對兔子造成壓力的動物
＝
肉食動物**
（狗、貓、雪貂等）

因為要經常警戒可能會遭到獵食，對兔子而言是一種壓力。同居的時候，請分開在不同的飼養空間內。

7. 繁殖

將來是否希望繁殖也要列入考量

是否希望繁殖，也是選擇兔子時的考量之一。繁殖的最低條件是兔子的健康狀態必須良好。如果飼養的兔子已經超過5歲了，就不適合繁殖。此外，最好避免繁殖的兔子（參照169頁）、血統等等也要經過店家的確認，在挑選時仔細列入考量吧！

取得兔子的方法

取得兔子的方法有好幾種。
請儘量實際前往，尋找覺得滿意的那隻兔子吧！

關鍵是要儘量實際看過後再做決定

本書要介紹3種方法，包括從寵物店購買、向繁殖業者購買，以及從飼養兔子的家庭領養小兔子的情況等。不管是以哪一種方法迎進兔子，除了個人的喜好之外，該種類是否適合自己的生活型態，以及兔子的性格、性別、預算等細節也都要先決定好。另外，為了避免取得後發生問題，最好儘量實際前去看看，觀察兔子的飼養環境，詳細詢問後再做決定。

1. 在寵物店挑選

有具備專門知識的店員比較讓人安心

近來有許多寵物店都有販售兔子，兔子專門店在全國也日漸增加。在寵物店裡，不只是要挑選喜愛的外觀和毛色，也要觀察兔子的活動狀態和個性。這個時候，也要一併確認店員對兔子是否有詳細的了解、兔子用品的商品種類是否充實齊全等。如果是這樣的店家，開始飼養後遇到困擾時，應該也能給予建議吧（參照右頁）！

建議傍晚以後再去看

兔子是黎明薄暮型的動物。白天很少活潑地活動。想要檢視兔子原本的模樣，建議在牠們活潑好動的傍晚6點左右前去。

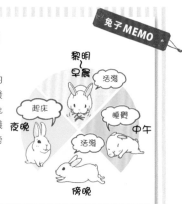

兔子MEMO

▶ 優良商家的確認重點

兔子的飼養環境如何？

檢查籠子裡是否仍放著吃剩的食物？有沒有被排泄物等弄髒？在骯髒的環境下，兔子可能會生病。

兔子的數量豐富嗎？

兔子的性格和運動量會因為品種和性別而異。如果能夠多多比較觀察，應該會更容易找到真正想要養的那隻兔子吧！

店內清潔嗎？

檢查是否連角落也有清掃乾淨。

店員清楚了解兔子嗎？

開始飼養兔子後，還是需要和寵物店打交道。有困擾的時候，如果有可以信賴諮詢、具備專門知識的人員，比較讓人安心。

兔子用品的種類是否充實？

消耗品和配合成長所需的用品、配合季節所需的用品等等，兔子相關的商品種類是否眾多也是觀察重點之一。

Point!

也可以活用兔子種類及專門知識都很豐富的專門店

只經營兔子買賣的專門店，也大多會有針對特定品種（純種）從事繁殖並販售的業務，因此可以說店內人員對該品種的專門知識會特別豐富。此外，必需用品的種類較多，遇到問題要諮詢時也比較容易獲得建議。

專門店的優點

- 對於販售品種的相關知識豐富
- 兔子用品的商品種類齊全
- 對於飼養上不了解的事、困擾的事項等，能夠給予適當的建議
- 有剪趾甲、洗澡等服務

※ 並不是所有專門店都能滿足上述項目。

消耗品或清潔品等兔子用品豐富的專門店，從一開始飼養兔子起就能讓人安心。（照片為「兔子的尾巴橫濱店」）

2. 從繁殖者處購入

可以買到健康、有理想體型的兔子

繁殖者是指讓動物繁殖的人。大多只會繁殖同一品種，可以説是豐富具備該品種專門知識的人。而且，因為是鑑識出適合繁殖的個體後才進行繁殖的，所以也能期待生出健康且體型好到能夠參展般的幼兔。

不過遺憾的是，有某些自稱是繁殖者的惡質業者存在也是事實。為了避免產生糾紛，儘量實際前去看看飼養環境，親自看過後再決定想要飼養的兔子也是很重要的。

購入前的理想流程

1 決定想要飼養的品種
▼
2 尋找繁殖者
▼
3 用電話或郵件詢問
▼
4 實際前去看看 ▶

5 決定飼養的兔子！

你好～

Point!

購買前、領養前必須確認的事項

兔子是對環境變化很敏感的動物。不管以怎樣的方式帶牠回家，事先掌握兔子的性格，儘量

避免改變之前的生活環境是很重要的。帶牠回家前請先確認以下的事項。

☐ 之前給予何種食物？
（顆粒飼料或牧草的種類、蔬菜或水果的內容、分量等）

☐ 幾個月大了？
（最好是在出生2個月後）

☐ 之前是怎樣的飼養環境？
（籠內的設備和使用的用品等）

☐ 兔子的性別、種類、性格
（個性溫和嗎？運動量多嗎？等等）

3. 從友人處領養

事先約定好，大致在2個月大時領養

從飼養兔子的朋友家帶回幼兔時，請注意帶回家的時期。兔子會在出生後3週左右開始斷奶。剛出生的幼兔非常可愛，讓人想要立刻帶回家，不過在斷奶完成前，最好不要讓牠離開兔媽媽。

此外，就算斷奶結束了，對幼兔來說，環境的變化還是會形成極大的壓力，可能引發疾病。領養的時期，還是以具備免疫力、身體已經有某種程度成長的2個月大後為佳。

兔子MEMO

也可以利用送養資訊

有些想為家中出生的幼兔徵求飼主的人或是保護棄兔團體徵求領養的資訊等，都會透過網路來發佈消息。如果能夠接受條件，而且可以實際前往看看的話，或許也可以仰賴這樣的資訊來取得兔子。領養時必須確認的事項請參照左頁。

檢查
兔子

健康兔子的標準

決定好想要飼養的品種後，就要實際前去看看，檢查一下健康狀態。
如果覺得滿意就把牠帶回家吧！

眼睛 是否因眼屎或眼淚而髒污？

眼屎或眼淚多，可能是罹患了眼睛的疾病。請確認眼瞼內側是否發紅、充血？

耳朵 有沒有髒污或臭味？

檢查耳朵內側是否髒污？有沒有瘡痂或糜爛？是否散發惡臭等？

鼻子

是否有流鼻水或是顯得粗糙乾燥？

確認鼻子附近的毛是否因鼻水而溼潤？或反之顯得粗糙乾燥，有如形成瘡痂一般。

口腔·牙齒

是否有流口水或是牙齒歪斜？

確認是否有流口水造成嘴巴周圍髒污？牙齒是否歪斜？是否往奇怪的方向生長等？

不只是從籠外觀察，小地方也要做確認

建議在兔子變得活潑的傍晚時段前去觀察。檢查是否為好幾隻一起飼養在狹窄的籠子裡？籠子裡面是否被糞便或尿液等弄髒？是否有確實給予做為主食的牧草和顆粒飼料？此外，也要確認動作是否有怪異之處？是否有好好地活動？等等。之後，儘量請店員將兔子放出籠外，仔細檢查下列幾點。

毛流・皮膚

是否有皮屑或髒污、傷口？

檢查被毛上是否有皮屑或髒污、掉毛等。撥開被毛，檢查皮膚是否有受傷或發紅。

兔子MEMO
生病或殘障的兔子也要珍惜！

即使開始飼養時是健康的，但也可能因為各種意外而生病或造成肢體殘障。就算是生病或是殘障了，不要中途棄養牠負責照顧到最後是最重要的。請抱持愛心，和牠一起生活吧！

臀部・糞便

被毛是否被糞便弄髒？

健康的兔子，糞便呈圓形顆粒狀。臀部周圍的被毛被糞便弄髒時，有可能是下痢了。

小便

每天的顏色都不一樣

兔子的尿液含有大量的鈣，混濁是正常的。還有，就算健康狀態上沒有問題，也會出現淡黃色或橘色、紅色等，每天都會排出不同顏色的尿液。

腳

是否可以讓人觸摸？腳底有沒有掉毛？

確認碰觸時是否有出現疼痛的樣子？腳底被毛是否脫落受傷？理毛時使用的前腳是否有被鼻水或口水弄髒？

chapter 2 挑選喜歡的兔子

49

兔子的五感和運動能力

以在家中飼養為目的、反覆進行品種改良的寵物兔,在習性和能力上,仍然可見野生時代殘留的痕跡。嗅覺和聽覺相當發達,以便能夠隨時逃開敵人;也有記憶力,所以能夠記住自己的名字。了解兔子的能力,在照顧上應該能有所幫助。

嗅覺

鼻子經常抽動,能夠嗅聞分辨各種不同的氣味,也能夠用氣味區別是敵是友。因為敏感,所以多數的兔子似乎都不喜歡香水或香菸、帶有香料的東西等的氣味。

味覺

擁有可以判斷各種不同味道的美食家舌頭,因此可以說是好惡非常分明。不過,是食品還是非食品?是否為對兔子有害的食品?這些他們就無法判斷了。

觸覺

因為全身覆有被毛,對刺激並不敏感,但是鬍鬚的感覺卻是優異的。能夠測量道路的寬度,也能在黑暗中探查周圍的狀況。請不要剪掉或拉扯鬍鬚。

運動能力

跳躍能力和瞬間爆發力優異,不過耐力並不高。前腳有優異的拳擊力,後腳則有出色的踢力。打架時可能會突然出現拳擊或踢腳。

聽覺

擁有細微聲音都能聽取的敏感耳朵。兩耳可以分別動作,捕捉到從360度任何地方傳來的聲音,因此會害怕巨大聲響,請注意。

視覺

兔子的視界左右合計可以達到340度左右。即使看來是面向前方,也能確認到後方的狀況。因為是夜行性的,所以在黑暗中仍能視物,不過視力本身似乎不是那麼好。

迎接兔子
回家的準備

剛開始時的必需用品

帶兔子回家前，先準備好必需用品吧！
選擇安全的材質，好讓兔子能夠舒適地生活。

將兔子度過一天大半時光的住家佈置得舒適

剛開始時要先準備好的是日常生活上的必需品。選擇基準如右。只要有舒適的空間，兔子就能安心地休息了。

- 以安全的材質製造而成
- 堅固不易損壞
- 清掃容易、具機能性
- 理解兔子生態的構造

選擇
用品
的重點

籠子

預算 ▶▶▶ 1 萬日圓左右

選擇長到成兔後
仍有充分空間的籠子

這是兔子會在裡頭度過一天大半時間的住家。請以堅固、容易進行每天的照顧做為基準來選擇。還有，為了讓兔子長大後仍然能夠使用，就小型種來説，大致標準約為寬60cm×深50cm×高50cm。有些專門店也有販售以兔子的生態為考量，在設計上便於照顧的專用籠子。

除了正面的門之外，天花板上也有門，在懷抱兔子出入時很方便。

附有抽屜式的托盤，要清掃糞便或食物殘屑、垃圾時非常方便。

可以裝上腳輪，方便移動（照片是沒有安裝腳輪的狀態）。

有籠子圍護更安心

用籠子圍護將籠子圍起來，可以防止脫落毛或尿液飛散等弄髒牆壁或周圍的地板。在意髒污的人也可以使用。

兔子MEMO

踏墊

預算 ▶▶▶ 1,500 日圓左右

準備 2、3 片更換使用就很方便

踏墊有塑膠製、木製、鋼製等。為了減輕對腳底的負擔，請務必鋪設在籠子裡。以兔子的腳骨構造來說，有微微凹凸的會比整片平坦的適合。因為是鋪設在地板上的，容易弄髒，最好準備2、3片更換使用。

活用木頭的弧度所製的凹凸木製型。

污垢容易清洗的塑膠製踏墊。

便盆

預算 ▶▶▶ 1,000 日圓左右(塑膠製)、3,000 日圓左右(陶器製)

建議使用有深度的製品

以陶器製和塑膠製的為主流。陶器製的不易附著髒污，比較衛生，不過價格也比塑膠製的高。為了避免尿液沾附在被毛上，以便盆的底網下方具深度（約4、5cm）者為佳。塑膠製的請牢牢固定在籠子裡使用，以免被兔子打翻。

放置在籠子的角落。建議使用可防止尿液飛散、附有圍護的製品。

便砂

預算 ▶▶▶ 1,000 日圓左右(5 kg)

兔子便砂的基本款形狀。照片上是松木砂。

從各種類型中選擇適合的

便砂要放入便盆底部使用。清掃較輕鬆的是吸水性佳的類型。目前市面上售有具除臭作用等等各式各樣的種類，請依個人喜好選擇。

主要的便砂種類

木屑砂	由松木(松樹)、杉木、檜木、白楊木等製成的圓柱狀便砂。也有具抗菌、除臭作用的產品。
紙砂	利用再生紙等製成的紙製便砂，特徵是具有良好的吸水性。大多數為可以放入沖水馬桶中沖掉的製品。

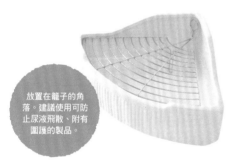

餐碗

預算 ▶▶▶ 1000日圓左右

建議使用有穩定感的陶器或固定式產品

　　餐碗裡會放入顆粒飼料或蔬菜。為了避免兔子打翻，最好選擇具有重量的陶器製品或是可以固定在籠子上的類型。陶器製品毋須擔心兔子啃咬，比較讓人安心。如果要用人的餐碗來代替時，大致上以深度5cm、直徑12cm者為理想。

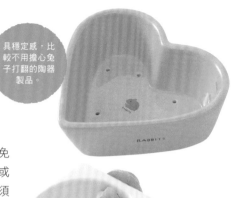

具穩定感，比較不用擔心兔子打翻的陶器製品。

可固定在籠子上的類型，有陶器製和塑膠製的。

牧草盒

預算 ▶▶▶ 1000日圓左右

有各種不同的形狀和材質，考慮使用情況來選擇

　　選擇重點在於要確認牧草的減少情況並加以補充時是否方便。材質有木製、陶器製、塑膠製等等，類型則有掛在籠子上的或是用螺絲固定的等等。木製產品即使兔子啃咬也能安心；而開口在上方的則能輕鬆補充牧草，各有各的優點。

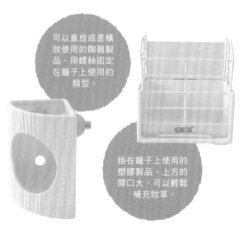

可以直放或是橫放使用的陶器製品。用螺絲固定在籠子上使用的類型。

掛在籠子上使用的塑膠製品。上方的開口大，可以輕鬆補充牧草。

飲水容器

預算 ▶▶▶ 1000日圓左右（200ml）、
另售彈簧夾具約400日圓左右

選擇兔子容易飲用、
衛生的製品

　　建議使用固定在籠子上的水瓶型。和放置型的比起來，不用擔心會弄溼被毛。剛開始設置時，請確認兔子是否能夠好好飲用、高度是否適合等等。不會用飲水瓶的兔子，或是視力不佳的兔子、高齡的兔子等，請考慮使用放置型的飲水容器。

放置型。
適合不太會用
飲水瓶的兔子，
還有運動量低落的
高齡兔子使用。

固定在
籠子上的類型。
有時必須另外
準備固定用的
彈簧夾具。

牧草・顆粒飼料儲藏箱

預算 ▶▶▶ 1500日圓左右（5kg裝）

選擇可以確實保存
容易受潮的食物的製品

　　要保持已開封的牧草和顆粒飼料的新鮮度，避免受潮地進行管理，儲藏箱是不可欠缺的。有各種不同的尺寸，所以請依照家中的保存空間來選擇大小。也有附杓子或杯子的製品。

最好選擇
密封度高、
使用方便的
類型。

附有溼度計
的類型。
比上面的類型
約貴1000日圓
左右。

兔子MEMO

放入乾燥劑，
更進一步提高保存力

放入市售的乾燥劑（人用的即可），可以更進一步保持乾糧的新鮮度。使用時一定要選擇標示為「食品用」的產品。

階梯・隧道

預算 ▶▶▶ 1000～3000日圓左右

考慮配置，
讓兔子可以自然地運動

　　以不至於擁擠的程度放入能夠刺激兔子本能的遊戲器具。爬上爬下、鑽進鑽出等行動可以做為運動，也有助於維持健康。而且，比起沒有任何東西的空間，這樣似乎更能讓兔子安心。有高度的配置請配合年齡進行，考慮安全後再做調整。

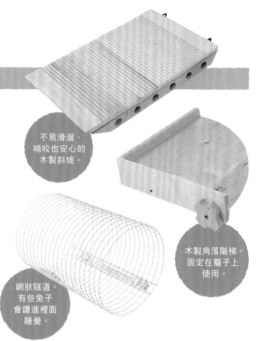

不易滑溜、啃咬也安心的木製斜坡。

木製角落階梯。固定在籠子上使用。

網狀隧道。有些兔子會鑽進裡面睡覺。

小屋

預算 ▶▶▶ 1000～3000日圓左右

鑽進小屋，能讓兔子感覺安心

一面完全開放，也可以連結2個使用的類型。

　　可以隱藏或是做為床鋪的小屋雖非絕對必要，不過兔子似乎具有處在可完全容納身體的地方就能安心的習性。就算放置小屋，也有些兔子不會進入，或是會把它當成廁所使用。放置小屋時，要檢查兔子是否會使用、是否髒污等等。如果沒有必要，也可以撤除。除了木製品之外，也有用牧草編成的類型或布製品。

可以完全容納身體的小屋。地板為網狀（鐵絲網），比較衛生。

啃木・玩具

預算 ▶▶▶ 1個500日圓左右

建議選擇可以
邊玩邊咬的品項

　　啃咬東西是兔子天生的習性。不過，讓牠啃咬籠子等過硬的東西，可能會造成咬合不正等牙齒方面的疾病。還是給予可以讓牠啃咬的啃木或玩具吧！有可以安裝在籠子上的、從天花板垂掛下來的，或是用牧草編成的產品等，種類豐富。請選擇會讓兔子快樂使用的品項吧！

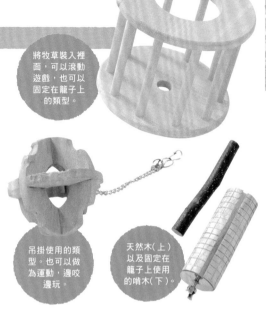

將牧草裝入裡面，可以滾動遊戲，也可以固定在籠子上的類型。

吊掛使用的類型。也可以做為運動，邊咬邊玩。

天然木(上)以及固定在籠子上使用的啃木(下)。

體重計

預算 ▶▶▶ 3000日圓左右

照片為可以測量到2kg的類型。請配合飼養品種成長時的體重來選擇吧！

健康管理的必需品

　　定期測量體重，可以及早察知成長狀況或異常變化。建議做為兔子體重計使用的，是以1g為測量單位的廚房用電子秤。一般都是將兔子放入籃中，再放到秤上測量，所以如照片般的平面類型較為方便。

溫溼度計

預算 ▶▶▶ 1000日圓左右

必須進行籠子周圍的溫溼度管理

　　兔子是對溫度和溼度變化非常敏感的動物。為了維護兔子的健康，最好在籠子旁邊設置溫溼度計，經常檢視。安裝在籠子上時，要注意避免兔子啃咬。

可以一眼就確認溫度和溼度在舒適範圍內的產品比較方便。

視需要最好備齊的用品

依照生活型態來選擇
必需的物品

下面介紹的用品雖然不需要在開始飼養時就先準備好，但卻是有準備的話會比較方便的用品。也可以在飼養時覺得有必要再逐漸添購。

圍欄地墊

和圍欄搭配使用。可以不弄髒地板地讓兔子遊戲，梳毛時也可以使用。

有防水加工更安心。預算：2000日圓左右。

也有可以和籠子連結使用的類型。預算：8000日圓左右。

圍欄

做為放兔子出籠遊戲時的安全對策。建議使用摺疊型的。理想高度為60cm以上。

胸背帶・牽繩

如果有考慮到外面散步，就是必需品。選擇尺寸剛好的，配合成長情況進行換購。

提籠

外出時的必需品。建議使用容易將兔子抱出、從上方打開的類型。平常就要先讓兔子習慣哦！

款式豐富，具選購樂趣。預算：2000～5000日圓左右。

硬質型，底下附有鐵絲網，排泄物不會沾附到兔子，比較衛生。也有可以固定飲水容器和餐碗的製品。預算：5000～1萬日圓左右。

布製的提袋型。也有附踏墊、具穩定感的製品。以開口大、兔子進出容易的比較方便使用。預算：5000～8000日圓左右。

毋須插電的床鋪型。預算：2000日圓左右。

禦寒用品

在溫差大的早春或秋天、嚴寒時期，兔子的身體狀況容易變壞。請放入禦寒商品，保持舒適的環境吧！

放入籠中使用的電熱板。預算：5000日圓左右。

從籠外加溫的直立型加熱器。預算：1萬日圓左右。

防暑用品

對兔子來說，高溫也是大敵。酷熱時，請在籠子周圍添加可以消暑的用品。

除臭劑

只要環境保持清潔，兔子原本就是不太有氣味的動物。使用除臭劑時，請選擇寵物用、對動物無害的製品。也可以放進讓整個房間除臭的空氣清淨機。

放入冷凍室冷凍，包上毛巾後放在籠子裡面或上面的類型。注意不可直接碰觸到兔子。預算：500～1500日圓左右。

建議使用可以除臭和殺菌、兔子舔到也無害的類型。預算：1000～1500日圓左右(約400ml)。

有散熱作用的鋁製涼板。除了籠子之外，也可以放進提籠中使用。預算：3000日圓左右。

在自家陽台體驗散步

可以放置在陽台或樓頂上，讓兔子遊戲的草皮也上市了。可以好幾片並排使用。也有助於在初次外出散步之前，先讓兔子習慣外面的草木和氣氛。

兔子收到也會安心的天然草皮。預算：1片（30×30cm）2000日圓左右。

注射器

要對無法自行飲食的兔子給予藥劑或流質食物、水分時使用。

為了讓兔子容易飲用，建議使用末端有弧度的製品。預算：500日圓左右。

迎進的準備

籠子的擺設

為了讓帶回家的兔子舒適、健康地度過每一天，
先來掌握籠內配置的重點吧！

溫溼度計

設置在不會被咬的場所

可以掛在籠裡或是放在附近。使用金屬工具固定時，需考慮避免兔子啃咬或是刺到身體而受傷。

斜坡

一邊靠著牆壁比較安心

可以掛在籠子上或是放置在壁端。使用金屬工具固定時，需考慮避免兔子啃咬或是刺到身體而受傷。

便盆

放在遠離餐碗的籠子角落

兔子大多會在2個方向靠牆的角落裡排泄。請牢牢固定在盡可能遠離餐碗的地方吧！

餐碗

遠離便盆，使其穩固

決定好便盆的位置後，就將餐碗放置在遠離該處的場所。固定式的餐碗一定要固定在籠子上，以免被兔子打翻。

踏墊

以填補便盆以外空間的感覺來鋪設

為了減輕兔子腳底的負擔，踏墊是必需品。以填補便盆以外場所的感覺來鋪設吧！

飲水容器

設置在容易飲用的高度

固定在籠子上的飲水瓶，請設置在相當於兔子坐著抬起頭時的高度。觀察情況來做調整吧！

掌握基本，配合個性做調整

基本配置如下所示。每隻兔子各有不同的個性，因此重點在於要仔細觀察後，再配合兔子的年齡和性格進行配置。持續飼養下來，就會漸漸了解兔子的習慣和行動模式，因此也可以進行必要的調整。不過，過度隨便變更配置會讓兔子變得不安，所以僅在必要的時候才做調整吧！

小屋

放置在角落比中心點更好

因為是要進入裡面放鬆的，所以放在靠牆的角落，會比放置在籠子的正中央更好。就算不放也沒關係。

玩具

注意不要放入過多，以免空間變得狹窄

讓兔子方便遊玩，又不至於讓空間變得狹窄地設置吧！垂掛型的要放在周圍沒有障礙物的地方。

牧草盒

容易補充的比較方便

請設置在兔子坐下時容易食用的場所。安裝在易於確認牧草的消耗量、又容易補充的場所也是重點。

寵物尿便墊

鋪上比較容易清掃

在抽屜式的托盤上先鋪上寵物尿便墊，就可以一次將排泄物或脫落毛、食物殘屑等清理乾淨。需每日更換。

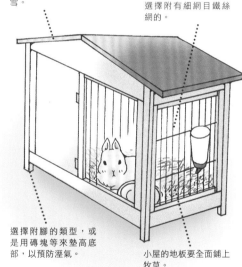

兔子MEMO

飼養在屋外時，也可以用狗屋來代替

建議使用屋頂做成斜面的小屋，以免積雨或積雪。

為了防禦外敵，最好選擇附有細網目鐵絲網的。

選擇附腳的類型，或是用磚塊等來墊高底部，以預防溼氣。

小屋的地板要全面鋪上牧草。

沒有兔子專用的小屋時，也可以用透氣性佳的狗屋來代替使用。選擇附腳的小屋，離開地面20～30cm以預防溼氣。為了避免遭到烏鴉或野貓的攻擊，最好選用附有細網目鐵絲網的。飼養在外面時，溫溼度的管理、衛生狀態的維持都會比較困難，還得考慮到鄰居的感受，因此特別建議初次飼養的人飼養在室內。

迎進的
準備

放置籠子的場所

兔子對於環境變化和聲響是很敏感的。為了避免造成壓力而導致衰弱，請將籠子放置在可以安穩下來的場所。

▶ 適合放置籠子的房間

☐ **日照和通風良好**

以通風良好的房間為佳。利用空調或加溼器、除溼機等，將室溫保持在20～28℃，溼度40～60％。雖說要日照良好，但也不可將籠子放在會曬到直射陽光的地方。

☐ **不會直接吹到空調的風**

籠子如果放在會直接吹到空調的地方，萬一太冷或太熱時，兔子沒有地方可以躲，可能會造成身體不適。

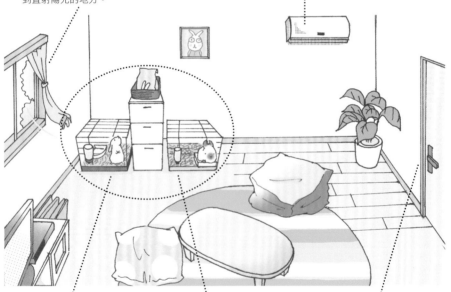

☐ **靠牆的角落
比較安心**

兔子在籠子2面靠牆的角落似乎會比較安穩。請避免放在常有人活動的中心位置。

☐ **複數飼養時
要將籠子隔開**

飼養2隻以上時，為了避免爭奪勢力範圍而打架，請用不同的籠子分開飼養。

☐ **遠離出入口和
會發出聲音的物品**

兔子的聽覺發達，所以對聲響很敏感。最好遠離經常有人出入的門口附近，以及電視、電話等會發出聲音的物品。

房間中存在的「危險」請預先採取對策！

吃到會有危險！

- 橡膠、塑膠製品
- 觀葉植物
- 人類的食物
- 香菸
- 化妝品、藥品類

等等

萬一吞下會在體內塞住，或是引起中毒。不要放置在飼養兔子的房間，或是徹底進行管理，避免讓兔子接觸。

咬到會有危險！

用市面販售的L型金屬保護條做防護，以免家具或柱子遭到啃咬。如果啃咬電線類而導致觸電的話，可能連命都不保，因此請加裝防護蓋。

掉落會有危險！

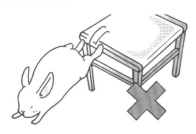

兔子喜歡爬上爬下地活動，不過骨骼並不結實，所以掉落會有骨折的危險。注意不要放置可以讓兔子爬上去的物品。

鉤到會有危險！

圈狀的地毯鉤到爪子會有受傷的危險。木質地板容易滑溜，對腳部會造成負擔。選擇毛腳短的地毯或是有凹凸的塑膠地墊較適合。

如果是小套房，也可以活用圍欄

在小套房裡飼養時，將兔子可以遊戲的場所限定在圍欄中也是一個方法。將兔籠放入圍欄裡面，讓兔子可以自由進出，就不用擔心運動不足的問題，也可以守護牠遠離危險。

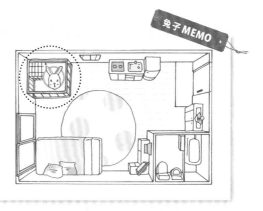

兔子MEMO

清掃的方法

用品的清潔和管理

籠子裡面容易被排泄物或食物殘屑等弄髒。
請不要忽略了每天的確認和定期的清掃。

保持清潔可以預防兔子生病

在兔子度過一天大半時間的籠內，要經常保持清潔。兔子的嗅覺優異，所以對氣味敏感，喜歡清潔。如果籠裡有不好的氣味，可能是因為清掃不徹底的關係。只要環境不衛生，兔子就有生病之虞。每天檢查是否髒污，注意只要髒了就要清洗或是更換。

▶ 用品清潔的標準一覽表

用品 ＼ 標準	每天	每週1次	每個月1、2次
餐碗	○	○（仔細清潔）	
飲水容器	○	○（仔細清潔）	
便盆·便砂	○（更換便砂）	○（清潔便盆）	
寵物尿便墊	○（更換）		
踏墊		○	
玩具	※儘量每天檢查是否髒污。	○	○
小屋		○	
牧草盒		○	
籠子			○

※一覽表為大致標準。用品嚴重髒污時，每次都要進行清潔。

各用品的清潔方法

餐碗

標準 ▶▶▶ 每天（每週有1次需仔細清潔）

　　因為要裝入兔子的食物，所以每天清洗是基本。也可以使用人用的中性洗劑。請用水將洗劑徹底沖淨，等完全乾燥後再放回籠子。

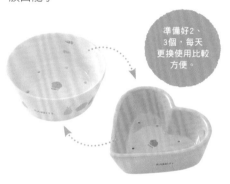

準備好2、3個，每天更換使用比較方便。

飲水容器

標準 ▶▶▶ 每天（每週有1次需仔細清潔）

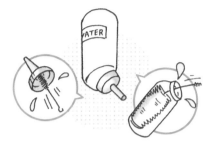

　　容易附著水垢，所以每天換水時都要檢查是否髒污。一發現有黏滑感或髒污，就要加以清洗。用幾隻尺寸不同的刷子來清洗飲水口等細部和瓶子內部，會比較方便。

便盆・便砂

標準 ▶▶▶ 每天更換便砂，便盆如果髒污就要擦乾淨，每週用水清洗1次

① 將舊的便砂丟掉

② 擦掉髒污

③ 放回少量帶有氣味的便砂

　　便砂要每天更換，但是要留下少量前一天的便砂，不要讓氣味完全消失。在更換便砂時要檢查便盆是否髒污，如果髒了就擦乾淨。每週要用刷子整個清洗一次。

兔子 MEMO

頑固的尿垢也可以使用專用劑

兔子的尿液含有多量的鈣，特徵是時間一久就容易附著在便盆上。如果用刷子也無法去除時，「尿垢清潔劑」就很好用。噴在髒污上放置2、3分鐘後再擦拭即可。

踏墊

標準 ▶▶▶ 每週1次（每天檢查）

先準備2、3片，每週更換1次就可以了。踏墊清洗後，一定要讓它完全乾燥。木製品不使用洗劑，直接用水清洗後，放在太陽下曬乾。要刮除附著的髒污時，有寵物用的刮鏟會比較方便。

每個月1、2次的大掃除順序

1 將兔子移動到安全的場所

將兔子從籠裡抱出，利用提籠或圍欄等移動到安全的場所。先鋪上寵物尿便墊之類做為小便對策會比較安心。

▶▶▶

Point!

清洗時的注意事項

☐ **依照用品分別使用刷子和海綿**

兔子會直接就口的餐碗和飲水容器最好和其他用品分開，使用專用的刷子或海綿會比較衛生。此外，配合用品的大小和形狀，準備數種不同尺寸的刷子，清潔起來也會更容易。

☐ **使用洗劑時需沖洗乾淨，木製品不要使用洗劑**

洗劑可以用人用的中性洗劑或漂白劑，重要的是需仔細用水沖洗乾淨，以免洗淨成分殘留。不過，木製品因為洗淨成分會滲入，最好避免使用洗劑。木製品水洗後，請在陽光下完全曬乾。

玩具・小屋

斜坡、階梯、小屋等要每天檢查，有髒污就擦掉。在每個月1、2次的大掃除時用水清洗，木製品要用陽光曬乾，完全乾燥後再放回去。

牧草盒

補充牧草時要確認有沒有髒污。可以擦掉的污物只要有看到就要擦掉。大掃除用水清洗時，請讓它完全乾燥。木製品水洗後要用陽光曬乾。

將籠裡的東西全部拿出來，拆解籠子

換上不怕弄髒的衣服後，將籠子裡的用品全部拿出來。儘量將籠子可以分解的部分拆開來，用小掃帚等某種程度地掃除污垢。

▼
▼

3 使用刷子或海綿進行水洗

▶▶▶

擦乾水氣，放在太陽下曬乾

將所有的用品用刷子或海綿清洗。髒污嚴重的部分請用刷子仔細地刷淨。

用乾淨的乾毛巾某種程度地擦乾水分，放在太陽下曬乾。如果殘留水氣地放回籠內的話，可能會導致發霉。尤其是木製品，最好讓它完全乾燥。

▼
▼

5 將完全乾燥的用品放回籠子裡

將完全乾燥的用品擺回籠子裡，放回兔子。將用品放回和大掃除前相同的地方，不要改變配置。若是每次大掃除就更換配置，會讓兔子無法安穩。

BRUSH

SPONGE

拍出可愛兔子的訣竅

Part 1 擺設篇

　　要將很難乖乖不亂動的兔子拍出好看的照片，出乎意料的困難。這時，可以善加活用照相機的功能。用連拍模式拍攝，留下拍得好的照片，或是用運動模式拍攝正在活動的模樣，都是成功拍出可愛照片的方法。

背景要儘量簡單

背景如果有亂七八糟的物品，就會表現出生活感，很難拍出可愛的照片。背景儘量收拾乾淨，或是利用牆壁和布料。在戶外也同樣要選擇背景簡潔的地點。

善加活用小物品

利用兔子一進入狹窄處就感到安穩的習性，或是活用零食等，吸引兔子的注意力。

靜不下來的兔子可以利用低台！

和梳毛時一樣，只要把兔子放在低台上，馬上就乖乖不動了。抓緊這一瞬間，拍照也會變得簡單哦！

如果是在籠子裡，就能拍出放鬆的照片

籠子裡是兔子最安穩的場所，也是拍攝牠大嚼牧草或是正在喝水的情景、兩腳慵懶伸展的放鬆姿勢等的絕佳機會。

Chapter

4

接回兔子後

兔子的活動時間

為了讓兔子沒有壓力地一起生活，
來了解兔子的生活周期吧！

兔子和人的一天

兔子的一天

開始準備睡覺了　早

在人逐漸醒來、開始活動的早上6點左右，兔子才漸漸地想睡覺。可以看到牠以迷迷糊糊的狀態吃飯的樣子。

睡覺時間　午

兔子最放鬆的睡覺時間。吃下去的食物也會在這段時間進行消化。在牠睡覺時請保持安靜、放輕動作吧！

人的一天

- 起床
- 吃早餐
- 上班・上學

- 工作・上課・做家事
- 吃午餐

從傍晚到黎明最為活躍

　　兔子是從傍晚到黎明最為活躍的黎明薄暮型動物。這是因為做為寵物兔起源的穴兔具有白天在巢穴中度過，夜晚到清晨才會外出覓食的習性之故。不過，做為寵物飼養時，有些兔子也會配合人類的生活節奏。如果在睡覺時受到逗弄的話，可能會讓兔子本能地感到害怕，或是感覺到壓力而生病。也為了讓兔子早點習慣飼主，還是儘量在兔子醒著的時間照顧牠吧！

傍晚

起床吃飯

傍晚以後會大量進食。請確認顆粒飼料和飲水是否足夠，並加以補充。梳毛和健康檢查請在這個時段完成。

夜晚

活潑地到處走動

這是兔子最具活力的時段。如果要讓牠從籠子裡出來玩的話，以這個時段最佳。兔子在夜間會吃牧草，所以請在睡前先幫牠補充吧！

兔子的照顧

- 回家
- 吃晚餐
▶補充食物、飲水
▶健康檢查
▶更換便砂
▶梳毛 等

- 洗澡
- 自由時間
- 就寢

讓牠習慣
環境

在習慣家中環境之前

剛來到家中的兔子，在不習慣的環境中會感到不安。
請慢慢地讓牠逐漸習慣吧！

有效讓牠習慣新環境的方法

剛來到家中時

**先讓兔子待在安靜的
場所，不去驚動牠**

來到陌生的場所，兔子會變得
敏感。將顆粒飼料和牧草、飲
水放進籠子後，就讓牠安靜待
著吧！任意接近或是將手伸進
籠子裡，會讓兔子無法安心。

第1～2天

**以溫柔的聲音呼喚牠，
一邊更換食物和水**

從籠子外面溫柔地呼喚牠的名
字看看。食物和水的更換及補
充請在兔子清醒的傍晚到夜間
時段進行。從籠子外面檢查看
看是否有下痢、身體是否有怪
異的地方等。

不焦急、慢慢地建立關係

人類也是一樣，對不習慣的環境會感到不安，手足無措。尤其是對於體型嬌小的兔子來說，不難想像，比自己大上好幾倍的人類靠近過來是一件非常可怕的事。首先必須緩解兔子的緊張，讓牠了解人類並不可怕。雖然依品種和個體而異，有些兔子容易與人親近，有些則反之，但若能順利地讓牠習慣，之後的教養和感情交流都會變得更加容易。雖然不難理解大家想要立刻和兔子親近的心情，不過還是不焦急、慢慢地和牠建立關係吧！

第3～4天

試著用手給牠食物看看

試著從籠子外面用手給牠食物。建議使用容易吸引兔子的水果乾等，不過僅限少量。也可以試著輕輕觸摸牠的額頭。被人由上往下盯著看會讓兔子感到害怕，所以視線要大約跟牠一樣高。

第5天以後

如果顯得習慣了，就放牠出籠看看

如果兔子已經習慣手餵食物和觸摸後，就試著讓牠出籠看看。放牠出來時，必須先整理成安全的環境（參照63頁），並且學會懷抱的方法（參照76頁）。這時也是可以開始如廁教養的時期。

兔子的
教養

觸碰・撫摸・懷抱

記住兔子被摸到會感覺舒服的部位以及不喜歡被摸到的部位，
能讓感情交流變得更加容易。

觸碰、懷抱是很重要的教養！

兔子如果習慣被人觸碰、懷抱，健康檢查和清潔美容就會變得非常容易。萬一發生意外或是受傷時，也才能夠順利移動，所以從平常就要當作教養地讓牠習慣吧！因此，知道兔子被摸會感覺舒服的部位、不喜歡被人碰觸的部位，以及可以讓牠感到安心的撫摸方法和懷抱方法是非常重要的。

Point!

觸碰、懷抱時必須注意的事項・要領

☐ **兔子生氣時
請勿勉強**

兔子也有心情不好的時候。勉強摸牠會留下不好的印象，還是改天再試吧！

☐ **記住觸碰時兔子感覺舒服的
部位和討厭的部位**

觸碰牠不喜歡被摸的部位，或是用了不正確的觸碰方法，都會帶給兔子壓力，可能造成身體狀況變差。

☐ **一定要在低處進行**

兔子還不習慣時，可能因為害怕或驚恐而想逃走。如果在高處進行，可能會有掉下去而受重傷的危險。

☐ **利用零食也是一個方法**

想要讓牠學到只要乖乖不動就有好事發生，使用牠愛吃的零食也是一個方法，但請充分注意不可過度給予。

☐ **就算兔子逃走，也不可以
抓牠的尾巴或腳**

被人抓住尾巴或腳是兔子非常厭惡的事。而且用力抓也有受傷的危險，所以絕對禁止這樣做。

☐ **以溫柔的聲音對牠說話，
讓牠安心**

為了讓牠理解被撫摸、被懷抱的時候不會發生討厭的事，請以溫柔的聲音對牠說話。

忐忑不安

74

觸碰　觸碰時會感覺舒服的部位・不舒服的部位

額頭 ◎

從眼睛之間到耳根、頭頂部，是大部分的兔子受到撫摸會感覺舒服的地方。

耳朵 △

血管多，是非常敏感的地方。只能輕輕撫摸，不可抓住或是用力拉扯。

背部 ◎

是兔子被人撫摸會感覺舒服的地方。請順著毛流，輕輕地撫摸。

胸部 △

骨骼脆弱、肺部也小，如果用力壓迫會造成呼吸困難。

尾巴 ✕

不喜歡被抓住或被拉扯。

腹部 △

用力抓住會造成呼吸困難，注意不要壓迫到了。

腳 △

被摸到可能會在驚嚇之餘出腳踢人。由於骨骼脆弱，只要拉到就可能會骨折。

撫摸　兔子喜歡的撫摸方式

從額頭到背部一帶，是大部分的兔子受到撫摸會感覺舒服的地方。基本上不可用力，要輕輕地撫摸。按摩耳根和顎下似乎也會感覺很舒服。因為有個體差異，還是一邊觀察情況一邊試試看吧！

好舒服哦♪

75

1 以慣用手托住腹部，另一隻手托著臀部

跪坐在兔子正前方，將慣用手附在腹部下方，另一隻手則托著臀部。就算兔子亂動，也不可以拉牠的腳或耳朵。

這種時候就可使用！

- 想要讓牠從籠子裡出來時
- 想要移動牠時
- 檢查並清潔眼睛・耳朵時
- 梳毛時

從另一邊看……

不可這樣做！！

✕ 抓住耳朵往上提

對兔子來說，耳朵是聽辨聲音、調節體溫的重要器官。請特別注意不要抓住牠的耳朵！

✕ 在臀部和腳不穩定的狀態下往上提

這個姿勢和被敵人抓住時的狀況相同，所以兔子會想要逃走而亂動。

◯ 抓住背部並迅速用手托住

沒辦法將手托在腹部下方時，可以充分抓住背部的肉，在身體稍微浮起的瞬間將手放到臀部下方。薄薄地抓住可能會造成疼痛，請注意。

要穩穩地撐住
腳和臀部哦！

2 撐住臀部
抱過來

將兔子的體重以托住臀部的
手撐住後抱過來。臀部和腳
穩定了，兔子就會安穩下
來。

3 讓牠緊貼著身體，
使臀部和腳穩定

讓兔子緊貼著飼主的身體，避免亂
動。身體貼住後，托住臀部的手要保
持原狀，讓兔子穩定。

好安穩～

Point!

亂動時要遮住
兔子的視線，
讓身體穩定

兔子掙扎時背部會後仰，可能會傷害到脊
骨。兔子亂動時，可用手掌掩蓋眼睛，遮住
視線，就能讓兔子暫時變得溫順。此外，讓
腳穩定，將兔子的身體整個包覆起來也有效
果。

……!?

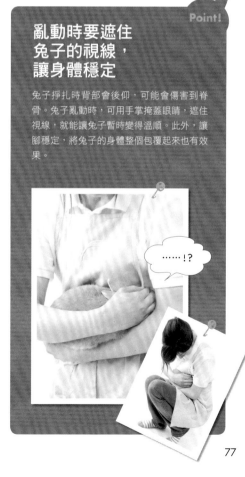

77

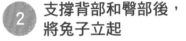

1 以基本抱法 置於大腿上

用基本抱法將兔子抱起來，頭部朝向人的方向使其坐下。

2 支撐背部和臀部後，將兔子立起

將慣用手附在背部，另一支手放到臀部下方。讓兔子將體重放在附著臀部的手上，緊貼著身體立起。

3 傾倒上半身，讓兔子仰躺

慢慢地將上半身往前傾，讓兔子呈仰躺姿勢。用附在背部的手穩固地支撐兔子的身體。

整個身體往前傾。

兔子會往上逃，要注意！

Point!

兔子逃跑時會往上逃。如果跳到人的肩膀後又往下跳可能會造成受傷，所以請穩固地支撐身體。要領是一讓兔子立起來，就要立刻傾倒上半身。

這種時候就可使用！

● 檢查前腳、修剪趾甲時

● 檢查眼睛、牙齒、鼻子時

懷抱　仰抱 ••• 之 2

**在大腿上，
如同基本抱法地
用手托住**

以基本抱法將兔子抱到大腿上，臀部朝向人的方向使其坐下。如同基本抱法般用手托住，放在大腿上。

**穩定臀部和腳，
慢慢地呈仰躺姿勢**

讓兔子的體重放在托著臀部的手上，慢慢地讓兔子呈仰躺的姿勢。要領是不要只用雙手抱著，而是要一直讓地緊貼著身體。

**將兔子的頭
輕輕地夾在腋下**

待兔子完全仰躺後，將頭部輕輕地夾在腋下。如此一來，兔子就會變得溫順。不要用力收緊，輕輕地夾著吧！

這種時候就可使用！

● 檢查後腳、修剪趾甲時

● 檢查臀部時

● 檢查腹部時

兔子MEMO

**兔子的反應會因為
身體狀況和心情而異**

依照兔子的心情和身體狀況不同，可能會出現有些日子能夠好好地抱地，有些日子卻沒有辦法抱地的情形。就算兔子亂動也不要焦急，請反覆進行懷抱的教養。

讓兔子學會如廁

這是兔子來到家中後，第一件要讓牠學會的事。
雖然有些兔子老是學不會，但是請不急不躁地全力教導吧！

重點是要利用兔子的習性

等兔子習慣家裡後，第一件要教牠的就是如廁的教養。被認為是寵物兔祖先的野生穴兔，在巢穴中是會明確區隔寢室和廁所的。只要利用這個習性，讓兔子記住如廁的場所，就能讓牠在固定的地方排泄。

雖說是教養，但對不容易學會的兔子大聲斥責或是打牠，只會得到反效果。學會如廁的時間是有個體差異的。請先了解這一點，不和其他兔子做比較地耐心教導牠吧！

▶ 選擇便盆放置場所的建議

放置在籠子的角落，大多數兔子都會感到安心

和人類一樣，兔子也希望在可以安心的場所進行排泄。大多數的兔子似乎比較常在籠子的角落排尿。

也可以放置在遠離睡覺場所的地方看看

活用野生兔子會區隔寢室和廁所的習性，也是一個方法。若是難以學會時，請重新檢討便盆和睡床的位置關係。

仔細觀察，放置在牠經常排泄的場所也是一個方法

兔子是會遵循模式過活的動物。或許在開始教養前，牠已經有自己固定的如廁場所了。

有效的如廁教養順序

1 先將沾有尿液氣味的東西放入便盆中

將帶有兔子本身尿液氣味的衛生紙或便砂放入便盆中，讓兔子認識如廁的場所。從寵物店帶回家時，建議跟店家要一些沾有氣味的便砂。

2 出現想要小便的樣子時，就帶到便盆去

如果出現抬高尾巴或是坐立難安的樣子，就是排泄的徵兆。剛開始時，請抱著牠前往便盆。

廁所在這裡喲～

3 如果能在便盆排泄，就要好好地稱讚牠

如果能在便盆裡排泄，就要近乎誇張地稱讚牠。太大聲會嚇到兔子，所以請用溫柔的聲音說話。就算是碰巧成功，加以稱讚也會讓牠更容易學會。

失敗…

立刻擦掉，消除氣味

在便盆以外的地方排泄時，最好立刻清理乾淨，使用除臭劑等避免氣味殘留。萬一氣味殘留的話，下次可能還會在該處排泄。不過，請絕對不要斥罵牠。

成功！

做得很好哦！

沒關係！
沒關係！
擦拭
擦拭

讓牠記住名字

兔子如果能記住自己的名字，溝通起來就會變得更容易。
請溫柔地叫喚牠，讓雙方變得更加親近吧！

要領是要搭配「好事情」地叫喚牠

雖然有個體差異，不過兔子是能夠記住自己的名字的。想要讓牠早點記住，要領是當有對兔子而言的「好事情」發生時，就要叫牠的名字。如果被叫喚名字時發生了可怕的事或是受到驚嚇時，兔子就會學習到名字和討厭的事情是相連結的。

兔子如果能記住自己名字，在梳毛或健康檢查、懷抱等時候都會很方便。也可能要花上半年～1年的時間才能學會，所以請勿中途放棄改變叫法，慢慢地讓牠記住吧！

讓牠記住名字的2個要領

撫摸牠覺得舒服的部位，
一邊溫柔地叫喚名字

在兔子放鬆的時候、感覺舒服的時候叫喚名字是有效果的。請試著一邊撫摸兔子被摸會覺得很舒服的額頭或背部，一邊叫牠的名字。

利用零食，讓牠產生被叫到名字
就會發生「好事情」的印象

當發生愉快的事情時叫牠的名字也有效果。一邊叫名字，一邊拿出牠愛吃的零食。不過要注意的是請少量地給予，以免兔子變得不吃主食。

如果老是記不起來，有可能是這些原因

是不是每個人對
兔子的叫法都不一樣？

是不是一起生活的家人各有自己喜歡的叫法？或者是單身生活的人每天的叫法都不一樣？請試著統一叫法吧！

是不是大聲呼喚，
讓兔子感到害怕？

兔子的聽覺發達，所以對聲音非常敏感。太大聲地叫牠，可能會讓牠感到害怕。請留意試著溫柔地呼喚牠的名字吧！

可能是將名字和討厭的事一起記住了！

是不是曾有過在叱責的時候大聲叫喚牠的名字？或是在做兔子不喜歡的行為時一邊叫喚牠的名字？若是心裡有數，或許是兔子已經記住在被叫喚名字時會發生討厭的事情了。

如果在對兔子做牠不喜歡的行為時叫牠的名字，會得到反效果。

如果在斥罵時叫牠的名字，就會被當作不好的事情記住。

83

兔子的
教養

矯正困擾行為

就算是乖巧聽話的兔子，到了3、4個月大時，令人困擾的行為還是
可能會變多。請了解這些行為的意義後再加以因應吧！

了解行為的意義後，妥善地應對

兔子令人困擾的行為，到了出生約3、4個月大後會變得明顯。此外，和年齡無關，也有些是來自於本能的行為或是因為任性而產生的行為等。不管是哪一種情況，該行為一定有其意義在，重要的是理解之後再做應對。

另外，雖說兔子很可愛，但既然要和人類共同生活，讓牠明確知道主從關係還是很重要的。有時候必須以毅然的態度，採取讓牠明白人的立場居於上位的對應方式。教養的規則是「不打牠」、「不要大聲說話或發出巨大聲響讓牠害怕」。有困擾的時候，也可以向專門店的人員或是獸醫師諮詢。

▶ 有效應對的重點

重新檢視
飼育的方法

讓兔子覺得有壓力的原因可能在於飼養環境。重點是要仔細觀察什麼情況下會發生令人困擾的行為，然後去除造成壓力的原因。

也可以找專家諮詢

飼主束手無策的時候，也可以找知識豐富的專門店人員或獸醫師、有經驗的飼主等商量。或許可以找出解決的線索。

考慮去勢・
避孕手術

在令人困擾的行為中，有些是可以藉由去勢或避孕手術消除的。如果沒有預定繁殖，這樣的手術也可以考慮。

變得不喜歡被人懷抱或撫摸

困擾行為 ①

行為的意義

想要守護勢力範圍
而拒絕他者的侵入

只要人將手伸入籠子裡，兔子可能就開始變得暴躁。這是出生後3、4個月大的兔子經常出現的行為，原因是想要守護自己的地盤。如果任由牠討厭梳毛或健康檢查而置之不理的話，可能兔子生病了也無法察覺。請好好地因應處理吧！

兔子MEMO

就這樣放著不管的話，
可能會變得任性！

如果任由兔子喜歡怎樣就怎樣的話，牠就會學習到「只要掙扎亂動，飼主就會聽我的」，可能會造成任性行為變本加厲。為了守護主從關係，以不會對兔子造成負擔的方法來處理，避免行為進一步惡化是很重要的。

回頭不理

應對法

帶到勢力範圍
以外的地方去

一被帶到自己的勢力範圍以外的地方，兔子就會變得溫順。只要移動到牠看不見自己的勢力範圍（籠子）的地方，就能順利進行懷抱或是梳毛了。

到其他房間練習一下吧～

經常待的房間

梳毛時
建議使用低台

兔子不喜歡梳毛時，可以讓牠乘坐在低台上，可能就會變得溫順。市面上也販售有梳毛用的桌子，不妨試著使用看看。

2 搖晃或啃咬籠子

行為的意義

想要從籠子出來
所做的要求

這是沒有固定時間放牠從籠子出來外面玩時容易發生的行為。是否兔子一要求，你就放牠從籠子裡出來呢？如果持續這樣做，兔子就會知道飼主對自己「有求必應」，就連半夜也可能出現這種行為。反覆啃咬籠子的行為，會成為咬合不正的原因。

應對法　不理牠，直到兔子安靜下來。限定遊戲範圍

最好的方法是不要每次都回應牠的要求。有時只要固定遊戲時間，將遊戲範圍限定在圍欄中，就可以獲得改善。將籠子的下部用板子圍起來，對於避免兔子啃咬也有效果。

3 在便盆以外的場所排尿或排便

行為的意義

想要擴大勢力範圍的
本能行動

應該已經學會如廁了，但是一從籠子出來，就到處小便。這是想要誇示自己的勢力範圍而做的「噴尿行為（為了讓東西沾附自己的氣味，而大範圍撒尿的行為）」，常見於出生後3、4個月大的雄兔。有時可藉去勢手術加以改善。

應對法　立刻擦掉，避免氣味殘留

在便盆以外的場所小便時，要立刻擦掉，消除氣味。為了避免兔子到處噴尿，區隔出遊戲範圍也是一個方法。

困擾行為

④ 對人做出騎乘行為

行為的意義

這是性行為或是要誇示立場、打發無聊所進行的行為

騎乘行為是抓住飼主的腳或手，做出像交尾時一樣擺動腰部的行為。會對人這樣做，大多都是想要打發無聊，或是想要主張自己的立場居於上位。如果讓牠弄錯主從關係，會讓兔子變得任性，還是制止這樣的行為吧！

應對法 不要有所反應，加以誘導使其停止

有時雌兔也會做出騎乘行為。如果加以反應，兔子會覺得有趣而變本加厲，所以最好的方法就是叱責「不行！」地讓牠停止。也可以給予玩具等，避免讓牠覺得無聊。

困擾行為

⑤ 突然咬人

行為的意義

想要擴大勢力範圍而變得具有攻擊性

這是出生3、4月大的雌兔常見的行為。這個時期的雌兔就算沒有懷孕，為了產子而想要守護勢力範圍的意識也會變得特別強，所以不喜歡有人進入自己的勢力範圍內，而會變得具有攻擊性。如果放任不管，將無法進行梳毛和照顧，所以請以強硬的態度進行教養。

應對法 徹底進行教養，以免助長咬人的壞習慣！

在兔子咬人的瞬間說「不行！」並輕輕按住牠的頭，反覆這樣做，能有效讓牠學習到咬人是不行的。絕對不可以打牠。

困擾行為

6 沒有懷孕卻開始築巢

排卵受到誘發
而引起的「假懷孕」

和沒有生殖能力的雄兔交尾，或是待在雄兔附近，使得排卵受到誘發，採取和懷孕兔子相同的行為，就是「假懷孕」。會拔下自己身上的毛來築巢，或是為了守護勢力範圍而變得具有攻擊性。通常20天左右就會結束。

兔子MEMO

反覆發生的話，
可能形成乳腺炎

假懷孕會自然停止，但如果反覆出現相同的行為，使得母乳堆積造成乳腺腫脹的話，可能會形成乳腺炎。如果察覺了，就要找獸醫師商量。

應對法

待其自然結束，
勤加清掃籠子

等待兔子自然結束此行為。籠子裡會堆積兔子揪下的毛，趁著讓牠到籠子外面玩的時候清掉，以免吞下而造成生病。

考慮避孕手術

如果進行避孕手術，就不會發生假懷孕。可以仔細考慮手術的優缺點（參照156頁）後，再研討是否要進行手術。

兔子的語言 了解其行為所代表的意義

很少出聲，給人溫順印象的兔子，
其實會用行為來表現各種不同的感情。

了解兔子的心情，照顧起來更容易

和狗或貓比起來，或許你會覺得兔子的感
情更加難以理解。其實在每天的接觸中，
兔子的行為就會傳達出牠的感情了。為了

避免弄錯兔子行為的意義，進行錯誤的照
顧，請務必先來了解兔子的語言（身體語
言）吧！

◉ 愉快·高興時

垂直跳躍

快樂興奮的時候，
會出現當場跳躍的樣子。
尤其常見於讓牠從籠子
出來外面玩的時候。

鼻子發出噗噗的聲音

心情好的時候、快樂興奮
的時候，鼻子可能會發出
小小的噗噗聲。

突然猛衝

遊戲的時候，可能會快樂
得突然猛衝。如果猛衝之
後突然停下，就可以知道
牠並不是在逃跑。

搖尾巴

兔子的尾巴短，
可能不容易察覺，
其實當牠心情愉快時
就會搖動尾巴哦！

● 有所請求時

舔手或手指
舔飼主的手指或手，
是希望你為牠做些
什麼或是想要撒嬌時
的信號。

在腳邊繞來繞去
無聊想要玩的時候，
可能會以在飼主腳邊
轉來轉去的行為
表現出來。

用鼻尖頂人
這也是請求的信號。
表示想要玩或是
有所希求的意思。

● 不滿時

翻倒物品
表示想要吃飯、
希望你逗牠玩之類的要求。
如果有所回應，
就會反覆這樣做，
因此請漠視不加理會。

啃咬籠子
常見於無聊的時候。
如果太常這樣做，牙齒會歪掉，
因此一發現就要想辦法
避免牠啃咬籠子。

鼻子發出噗噗聲
這是心有不滿或是生氣時
的信號。聲音比快樂時還
要低沉且大聲，能夠聽得
出來不一樣。

● 放鬆時

臼齒發出聲音

臼齒相互摩擦發出聲音，
是心情愉快的信號。
受到撫摸時，有時也會發
出這種聲音。

腳伸直躺下

後腳整個伸展開來躺下，
是安心的狀態。
請不要去逗弄牠。

ZZZ‥

打呵欠

和人一樣，打呵欠
和伸懶腰都是放鬆
想睡時的行為。

突然啪地躺下

有時坐著的兔子
會突然整個放鬆，
啪地躺下來。
這是極為放鬆的狀態。

在飼主前面
露出肚子

露出肚子躺下來，
可以說是對飼主坦誠，
處於放鬆狀態的信號。

※ 兔子躺下也可能是因為身體不舒服的關係。躺下時，請確認牠的呼吸
是否紊亂、樣子是否怪異等等。

兔子MEMO

理毛時是處於放鬆狀態嗎？

有人認為理毛是處於放鬆狀態，
但也有人認為是在不安穩的環境下為了紓解緊張而採取的行為。
只要長久相處，或許飼主就能加以判斷了。

⬤ 警戒時

豎直耳朵

對周圍的情況
採取警戒，
想要集中注意力
聽取聲音以便立刻
動作的表現。

耳朵垂下，放低姿勢

感到害怕時的行為。
這是藉由讓自己看起來較小，
想要逃過敵人捕食的
野生本能表現。

用後腳站立

這是為了聽取更大範圍的聲音，
掌握周圍狀況而採取的行為。
看起來很可愛，
其實正處在警戒狀態，
請注意。

立起尾巴

感覺危險時的行為。
這是要通知同伴有危險，
或是表示威嚇時
所做的行為。

踩踏後腳

為了通知同伴有危險而用後
腳踩踏地面發出聲音的行為
稱為「踩腳」。當寵物兔心
有不滿或是想要威嚇時也可
能會出現這種行為。

咚！
咚！

※ 當兔子正在警戒時，貿然伸手可能會被咬。請不要撫摸兔子，
僅止於用溫柔的聲音對牠說話的程度即可。

疼痛‧不舒服時

用力咬緊牙齒

這是難過、疼痛時的SOS。
發出這個聲音的時候，
表示狀況已經相當急迫了。此外，
也有可能是牙齒過度生長所導致的。

吱吱叫

這是彷彿危及生命般的緊
急事態。如果聽到你覺得
「可能就是這種聲音」的
聲音，請找獸醫師諮詢。

唧吱
唧吱

本能的行為

摩擦下顎

位於顎下的臭腺會釋出氣味，
這是主張勢力範圍的行為，
可能會對其他兔子或人、
物品做出這種行為。
也有主張自己
居於上位的意義。

啃咬東西

啃咬東西是兔子的習性，
請給予可以啃咬的
木製或牧草製玩具。
持續啃咬籠子等堅硬物品，
會導致咬合不正，
所以一發現就要加以制止。

挖洞

這是在地面挖洞建造巢穴的
野生行為遺痕。即使是在地
毯上面，也可能做出挖洞的
行為。請注意不要讓牠鉤到
趾甲而受傷了。

蹭來
蹭去

讓牠在籠子外面玩

放兔子出來籠子外面玩,最適合解決兔子運動不足和壓力的問題,並可加深和飼主之間的關係。

讓兔子在室內玩

確認安全後再讓牠出來玩吧!

只在籠子裡面生活,兔子會變得運動不足。每天一次放牠出來籠子外面玩吧!別忘了要先將對兔子而言的危險物品收拾乾淨,確保安全(參照63頁)。固定放牠出籠玩耍的時間,可以減少兔子想要出來而胡鬧的行為。準備一些利用兔子的習性和本能行動的遊戲,應該會讓牠玩得高興吧!

▶ 在室內遊戲的優點

消除壓力,減少問題行為

要避免兔子因為想出來外面的焦慮而產生的胡鬧,或是啃咬籠子等令人困擾的行為,每天一次的遊戲時間是非常有效的。

可以消除運動不足,預防肥胖

由於兔子喜歡的零食也越來越多了,因此現代的兔子有容易肥胖的傾向。設定好讓牠從籠子出來外面玩的時間,可以邊玩邊運動,預防肥胖。

可以取得和飼主之間的感情交流

可以在兔子玩得愉快時呼喚牠的名字,這也是能讓雙方變得更親近的最佳時間。不過,也有些兔子不喜歡遊戲時被摸,所以請配合性格來因應。

▶ 兔子喜歡這樣的遊戲！

刺激習性或本能的遊戲

| 鑽進鑽出 | 滾動‧啃咬 | 挖洞 |

兔子喜歡鑽進隧道或雪屋狀的小屋。也建議利用斜坡或階梯，想辦法讓牠可以做上上下下的運動。

使用可放入牧草滾動來玩的玩具或牧草編成的球、從上方垂吊下來的玩具等，讓牠充分遊戲。木製的玩具就算啃咬也可安心。

挖洞是來自於兔子習性的行為。市面上也販售有在瓦楞紙箱中裝入木屑的挖洞商品。

讓兔子玩耍時的 3 個規則

Point!

❶ 危險物品要收拾乾淨！

有「啃咬」、「吞入」、「掉落」危險的東西，請在放兔子出籠前就收拾乾淨。

❷ 每天一次，儘量在相同的時間

兔子喜歡固定的生活模式。固定遊戲時間，也可以抑制一天到晚要求「放我出去」的行為。

❸ 遊戲時間限制在2個鐘頭以內

雖然有個體差異和年齡差異，但一次的遊戲時間大致以30分鐘～2個小時為理想。

帶到外面散步

外出散步並非絕對必要。只要讓牠離開籠子，在室內遊戲，就足以解決運動不足的問題。另外，帶兔子出門也伴隨著各種讓人擔心的事。請在了解這些情況後，再判斷是否要外出散步吧！

請避免帶出生未滿半年的幼兔，或是病中病後體力低下的兔子、上了年紀的兔子等外出散步。必須要是健康且已經完成懷抱教養的兔子，比較讓人安心。

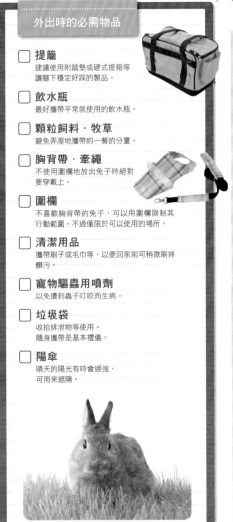

外出時的必需物品

☐ **提籠**
建議使用附踏墊或硬式提箱等讓腳下穩定好踩的製品。

☐ **飲水瓶**
最好攜帶平常就使用的飲水瓶。

☐ **顆粒飼料・牧草**
避免弄溼地攜帶約一餐的分量。

☐ **胸背帶・牽繩**
不使用圍欄地放出兔子時絕對要穿戴上。

☐ **圍欄**
不喜歡胸背帶的兔子，可以用圍欄限制其行動範圍。不過僅限於可以使用的場所。

☐ **清潔用品**
攜帶刷子或毛巾等，以便回家前可稍微刷掉髒污。

☐ **寵物驅蟲用噴劑**
以免遭到蟲子叮咬而生病。

☐ **垃圾袋**
收拾排泄物等使用。隨身攜帶是基本禮儀。

☐ **陽傘**
晴天的陽光有時會過強，可用來遮陽。

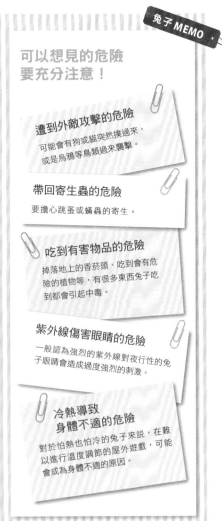

兔子MEMO

可以想見的危險要充分注意！

遭到外敵攻擊的危險
可能會有狗或貓突然撲過來，或是烏鴉等鳥類過來襲擊。

帶回寄生蟲的危險
要擔心跳蚤或蟎蟲的寄生。

吃到有害物品的危險
掉落地上的香菸頭、吃到會有危險的植物等，有很多東西兔子吃到都會引起中毒。

紫外線傷害眼睛的危險
一般認為強烈的紫外線對夜行性的兔子眼睛會造成過度強烈的刺激。

冷熱導致身體不適的危險
對於怕熱也怕冷的兔子來說，在難以進行溫度調節的屋外遊戲，可能會成為身體不適的原因。

散步的順序

可以散步的條件
- 出生滿半年後
- 已經完成懷抱的教養
- 不是在病中病後或高齡狀態

1 確認當天的天氣・溫度

出門前先確認天氣和溫度預報。在極端炎熱的日子、寒冷的日子、降雨機率高的日子裡，兔子的負擔會變大，請避免外出。

2 做好出門的準備

為了讓兔子能夠享受舒適的散步，不會對周圍的人造成困擾，請確實準備好必需的物品。不要忘了飲水瓶和食物。

3 先戴上胸背帶

牽繩可以等到了現場把兔子從提籠中抱出來後再繫上，但是胸背帶最好先在家中穿戴好。因為兔子萬一逃離現場可能會發生危險。

5 讓牠玩耍・補充水分和食物

繫上牽繩或是用圍欄隔出空間讓兔子玩耍。注意不要讓牽繩離手了。因為會消耗體力，所以要穿插休息時間，一方面補充水分和食物。

4 到達目的地之前，要裝入提籠中移動

從家裡到目的地的這段期間，一定要將兔子裝入提籠中移動。移動時間長的時候，要不時地察看樣子，如果有需要，請補充水分。

6 稍微去除髒污後回家

稍微梳毛一下，擦拭腳部後放回提籠中。掉落的毛和垃圾不可放著不管，裝入垃圾袋中帶回是基本禮儀。

留兔子看家及外出

記住留兔子獨自看家時、託別人照顧時、
一起外出時必須注意的事項。

留兔子獨自看家

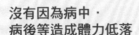

可以留兔子獨自看家的情況，基本上僅限於兩天一夜。留兔子獨自在家，因為環境沒有改變，對牠來說是可以安心的；不過必要條件是，留牠獨自看家時要做好溫度‧溼度的管理。請多放一天份的顆粒飼料、牧草和飲水後再出門吧！

要離開家中兩夜以上時，不妨請人過來幫忙照顧，或是託付給寵物旅館或朋友會比較安心。儘量不要改變照顧的內容和時段，可以減輕兔子的壓力。接著就來詳細說明照顧的方法吧！

▶ 可以讓兔子獨自看家的條件

不在時也能進行房間的溫度‧溼度管理

如果長時間放在過熱、過冷或是溼度高的房間，對兔子來說有致命的危險。條件是留兔子獨自在家時，也要利用空調或除溼機，保持一定的室溫。

**沒有因為病中・
病後等造成體力低落**

生病的時候或是病後兔子體力低落的時候，要託人照顧或是請可以照顧的人過來，才能經常觀察到牠的情況。

不會太幼小、太高齡

和年輕健康的成兔相比，幼兔和老兔較常發生身體突然不適的狀況。可以獨自看家的年紀以出生後半年～5歲左右為理想。

只有一隻兔子獨自看家時

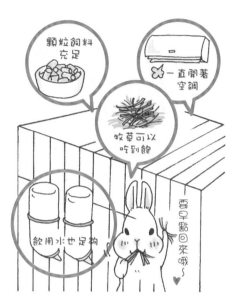

多放一些食物和水，
做好萬全的溫度和溼度管理

　　獨自看家時，因為環境沒有改變，兔子也可以安心。顆粒飼料多放一天份，牧草則充分添加，以便牠隨時都能吃到。飲水瓶中補充足夠的水，如果不放心的話，也可以安裝2瓶。

　　放置籠子的房間要一直開著空調，讓溫度保持在20～28℃，溼度在40～60％的範圍內。溼度高的時期也可利用除溼機等。如果可以預先找好停電等緊急時能夠立刻前來的人，就更安心了。

請朋友或寵物保母前來時

請對方進行和平常
相同的照顧

　　拜託朋友時，可以的話，最好平常就請對方和兔子接觸，先彼此習慣。拜託寵物保母的費用，1個鐘頭大約為3000日圓左右。不管是哪一種情況，都要詳細說明餵食的時間和分量、讓牠遊戲的時間和長度、清掃的方法等，進行和平常相同的照顧。最好也先說明兔子的性格，告知對方兔子討厭的事情等等。此外，也一定要留下可以聯絡到你的電話號碼。

託付到其他場所

帶著平常吃的食物和用品前往

必須離家超過一夜時，也可以託付到其他的場所。方法有託付給寵物旅館、有託寄服務的動物醫院，或是朋友家等等。

託付給他人時，因為可以經常注意，所以能夠對應突然的變化，令人安心；相反地，因為生活環境突然改變，所以兔子可能會變得不安穩。請帶著平常吃的食物、平常使用的用品前往，儘量讓兔子能夠安穩地待著吧！比起突然

長期間託付，建議從兩天一夜的程度開始讓牠逐漸習慣。

● **託付時讓人安心的事**
有人負責照顧，所以容易察覺到異常變化等，可以迅速做出因應。

● **託付時讓人擔心的事**
生活環境改變，兔子可能會感受到壓力，導致生病。

▶ 託付時的注意事項

食物請準備和平常相同的

做為主食的顆粒飼料和牧草，要帶著平常吃慣的品牌前去，或是先告知對方。蔬菜和水果等，要告知平常給予的種類和分量，如果有不希望給予的東西，也要先提出來。

帶著平常使用的用品過去

只要有沾附自己氣味的用品，就算環境改變，兔子還是能夠安心。將便盆或餐碗、玩具等經常使用的東西也帶過去吧！

詳細告知平常照顧的內容

兔子喜歡固定的生活節奏，所以在餵食、遊戲的時間和內容上要請對方跟平常一樣地進行，儘量讓兔子可以安心吧！

託付給寵物旅館

攜帶平常使用的用品過去，告知兔子的生活節奏

　　託付給寵物旅館（或是有住宿服務的動物醫院）時，請預先確認是否能夠託付。如果可以的話，建議預先檢查寵物旅館的環境，能夠接受再做託付。

　　平常使用的用品、食物等一定要帶過去，並告知對方兔子的生活節奏（餵食的時間、分量、清掃的時段等）。也要說明兔子的性格。如果能將兔子討厭的事、喜歡的事也一併告知，工作人員照顧起來將會更容易。

大致的收費
- 兩天一夜　2000～4000日圓

注意事項
- 如果要在住房時間外加以利用的話，可能需加收額外的費用。
- 跨年或黃金週、中元節等假期，大多會設定特別收費。

託付在朋友家中

如果對方也有養兔子，要請朋友將籠子分開

　　如果是也有飼養兔子的人，因為熟知照顧方法，可以安心託付給對方。不過，兔子的地盤意識強烈，所以可能會和朋友家的兔子打架，或是採取警戒。先拜託朋友，不要將籠子並排在一起，而是要放置在兔子彼此看不見的地方。

　　即使是託付給朋友，還是要將平常使用的用品和食物帶過去。盡可能請朋友按照平日的時段進行照顧，可以讓兔子更加安心。

一起外出

建議從短時間開始讓牠習慣

對兔子來說，外出等於被帶到勢力範圍之外，所以是非常不安而難以靜下心來的。突然的長時間移動會成為負擔，最好從裝入提籠僅數十分鐘程度的外出開始，逐漸讓牠習慣。

和獨留在家中時一樣，幼兔或病中病後的兔子、高齡的兔子都要儘量避免外出。移動時請做好萬全的防暑禦寒對策，遵守社會禮儀地行動吧！

外出時的注意事項

一定要裝入
提籠中移動

移動時請利用提籠。地板堅固穩定的類型可以讓兔子安心，所以建議使用附踏墊的寵物包或是硬式提籠。夏天使用透氣性佳的，冬天則使用保溫性高的，依季節來分別使用也很重要。

儘量避免突然的
長時間移動

外出方面請讓牠慢慢習慣。一點一點拉長移動時間地讓牠習慣，可以減少對兔子的負擔。利用車子長時間移動時，裝入提籠中後，請置於座位上，使其穩定。要避免直接曬到陽光或是吹到空調的風，不時察看樣子地進行移動。

兔子 MEMO

平日就先讓牠習慣提籠，
會更加安心

在外出前，最好先在家中做進入提籠的練習，讓牠明白這裡也是牠的勢力範圍。

來，進去喔～

經常察看情況，
不要忘了補充水分

移動時，為了預防濺出的水弄溼兔子的毛，基本上必須拿掉飲水瓶。不過，因為兔子是多喝水的，所以請經常察看牠的情況，一邊補充水分地進行移動。休息的時候，也要給予顆粒飼料和牧草。

遵守所使用的
交通機關的規定

搭乘電車或飛機時，提籠大多可做為手提行李。有時各機關有自己規定的運費，這時就要依規定繳費。此外，搭乘飛機大多需要託交在貨艙中。

必需的運費和注意事項（日本）

電車：約數百日圓
由各鐵道公司自行規定。最好預先確認是否可以帶上車。

飛機：約數千日圓
依照籠子的尺寸，會有不同的收費和處理方式。

夏天‧冬天要
確實做好溫度管理

兔子怕熱又怕冷，所以在極寒、酷暑的日子要避免外出會比較安心。必須外出時，也要選擇一天中較為涼爽（或是溫暖）的時段，或是想辦法選擇移動時間較短的路徑。移動時，提籠裡必須想辦法保持適溫。

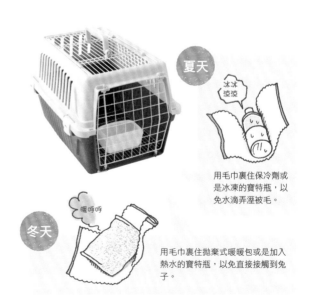

用毛巾裹住保冷劑或是冰凍的寶特瓶，以免水滴弄溼被毛。

用毛巾裹住拋棄式暖暖包或是加入熱水的寶特瓶，以免直接接觸到兔子。

Break Time 4

拍出可愛兔子的訣竅

Part 2 角度篇

如果你老是為拍出類似的照片而煩惱，不妨改變角度和距離感來拍攝看看。

或許可以拍出以前從未見過的意外表情或是有趣的照片喔！

試著從各種角度拍攝

只要改變角度拍攝，或許可以發現讓人想不到竟是同一隻兔子的意外表情，或是牠獨有的特徵。請試著從各種角度拍攝看看吧！

● 從正面

● 從側面

● 從上面

● 從遠處

試著改變距離感拍攝

靠近兔子或是遠離兔子等，在與兔子的距離上做出變化看看。靠近時可以表現出毛絨絨的被毛質感，拉遠時則可以表現出牠圓滾滾的體型模樣。

● 從近處

Chapter

5

兔子的飲食

理想的飲食

飲食在維持兔子的健康上是不可欠缺的。
來確認餵食時的注意事項吧！

以充足的牧草和營養均衡的顆粒飼料為主食

兔子本來是吃草和樹葉維生的草食動物。只是，在家中只吃牧草很難攝取到必需的營養，所以要添加顆粒飼料（固形飼料）來補充營養。也就是說，基本飲食只要有牧草和顆粒飼料就OK了。兔子也很喜歡蔬菜和水果，但若過度給予，就會變得不吃主食的牧草和顆粒飼料，使得身體狀況受到影響。蔬菜量要有節制，水果和零食類則可以極少量地給予，做為教養的獎勵品等。

兔子的飲食內容和分量的大致標準

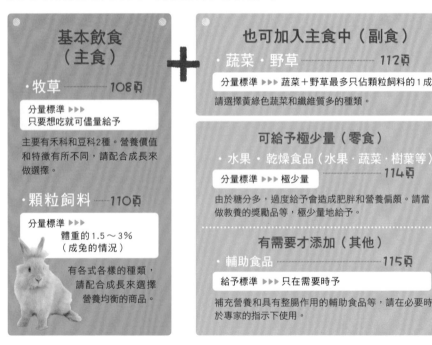

基本飲食（主食）

·牧草 —— 108頁

分量標準 ▶▶▶
只要想吃就可儘量給予

主要有禾科和豆科2種。營養價值和特徵有所不同，請配合成長來做選擇。

·顆粒飼料 —— 110頁

分量標準 ▶▶▶
　　　體重的1.5～3%
　　　（成兔的情況）

有各式各樣的種類，請配合成長來選擇營養均衡的商品。

＋

也可加入主食中（副食）

·蔬菜·野草 —— 112頁

分量標準 ▶▶▶ 蔬菜＋野草最多只佔顆粒飼料的1成

請選擇黃綠色蔬菜和纖維質多的種類。

可給予極少量（零食）

·水果·乾燥食品（水果·蔬菜·樹葉等）

分量標準 ▶▶▶ 極少量　　　 —— 114頁

由於糖分多，過度給予會造成肥胖和營養偏頗。請當做教養的獎勵品等，極少量地給予。

有需要才添加（其他）

·輔助食品 —— 115頁

給予標準 ▶▶▶ 只在需要時予

補充營養和具有整腸作用的輔助食品等，請在必要時於專家的指示下使用。

▶ 不同年齡的飲食重點

斷奶後～6個月

給予營養價值高的豆科牧草

身體順利成長的成長期。由於所需熱量將近為成兔的2倍，建議將高蛋白、高鈣的豆科牧草（紫花苜蓿等）混入禾科牧草中給予。顆粒飼料也請選擇成長期用的高營養價值產品。蔬菜約為讓他習慣口味的程度即可。

6個月～1歲

熱量要控制在低於成長期

這是身體已經完成發育的時期，所以要減少高熱量的豆科牧草，逐漸改成以禾科牧草為主。顆粒飼料和成長期一樣，要選擇營養價值高的產品，謹守分量地給予。蔬菜請以富含維生素的種類為主，零食則止於習慣口味的程度，極少量地給予。

1～5歲

容易肥胖，所以要採取肥胖對策

如果按照之前的飲食內容，可能會養出肥胖的兔子。牧草請以低熱量、纖維質多的禾科提摩西草為主，充分給予；顆粒飼料則逐漸變為低熱量型。蔬菜和零食要避免糖分高的東西，只能給予極少量。

5歲以上

也要考慮疾病的預防

必須對疾病做好準備。高齡兔請選擇鈣質含量少的牧草和顆粒飼料。因為咀嚼力會變差，所以建議給予莖比較纖細又柔軟的二割提摩西草。蔬菜、零食要極少量地給予，以免攝取過多的熱量。

主食 牧草

充分給予，讓牠可以愛吃多少就吃多少

兔子的主食是牧草。牧草富含纖維質，可以促進腸子的蠕動，具有幫助消化活動的重要功能。不過，和顆粒飼料比起來，嗜口性就沒有那麼好，所以必須想辦法讓牠多吃。給予食餌時請考慮到均衡，以免兔子被牧草以外的東西填得飽飽的。

依照營養價值和咬勁的不同等，牧草的種類也有好幾種。最重要的是要配合兔子的成長，選擇適合的牧草。不知道該選擇哪一種時，不妨詢問店員或獸醫師。

主要的牧草種類和特徵

禾科 提摩西草(梯牧草)等

一割的提摩西草。熱量比紫花苜蓿低。一割牧草的莖又粗又長，纖維質豐富。最適合做為1～5歲兔子的主要牧草。粗纖維30～35%，鈣質0.45～0.55%。

二割的提摩西草。和一割的比起來，莖質細又柔軟，熱量也低。推薦給高齡兔食用。粗纖維25～28%，鈣質0.57～0.62%。

豆科 紫花苜蓿等

和禾科牧草相比，特徵是高鈣、高蛋白。營養價值高，兔子也愛吃，建議給予成長期的幼兔。粗纖維低於29.8%，鈣質約1.3%左右。

兔子MEMO

也有細切型和生鮮型

市面上販售的牧草還有半鮮型和生鮮型、細切型等。生鮮型的牧草香氣強烈，比乾燥型的更具嗜口性，想讓兔子習慣牧草的味道時，不妨加以利用。

讓兔子順利吃牧草的要領

① 經常給予新鮮的牧草。如果潮濕了，就用太陽曬乾水分

牧草一潮濕，兔子就不想吃。舊牧草不要一直放著，最好經常給予新鮮的。牧草潮濕時，可以用太陽曬乾，或是用微波爐將水分蒸發掉，就可回復香氣。

② 避免給予過量的顆粒飼料

兔子不太吃牧草的時候，請試著重新評估顆粒飼料的分量。你是否任由兔子愛吃多少就給多少地給予過多的顆粒飼料和副食？給予顆粒飼料時請遵守每日的適量。

③ 利用玩具，讓牠邊玩邊吃也是個方法

積極利用裡面可裝入牧草的滾動玩具，或是用牧草編成的牧草球等，讓牠邊玩邊吃也有效。只要變成和平常不同的形態，就能刺激兔子的好奇心。

④ 塊狀的牧草或許會讓兔子變得愛吃

壓縮牧草而成的牧草塊，在滿足兔子想啃咬的需求上也有效果。也可以用零食的感覺來給予，所以推薦給不太願意吃普通牧草的兔子。移動時要放入提籠中也很方便。

市面上有售有提摩西草和紫花苜蓿的壓縮產品。

主食 顆粒飼料

出生超過半年的成兔，大致以體重的 1.5 ～ 3％為標準

顆粒飼料是將磨成粉狀的牧草和其他食材與營養成分混合，壓縮成容易食用的顆粒狀。想要攝取只吃牧草無法獲得的營養成分，這是不可欠缺的另一樣主食。雖然兔子比較愛吃，不過熱量比牧草還高，如果不遵守適當分量，兔子會變得肥胖。另外，因為纖維質比牧草少，所以均衡地讓兔子食用牧草和顆粒飼料才是最理想的。

選擇顆粒飼料的重點

選擇纖維質多、營養均衡的種類

健康成兔（6個月～5歲左右）的大致標準。
粗纖維 ▶ 18％左右
蛋白質 ▶ 15％左右
脂肪 ▶ 3％左右
鈣質 ▶ 0.6％左右

依咬勁的不同來選擇

顆粒飼料的硬度也有差異。堅硬型的在維持牙齒的健康上較為推薦。柔軟型的比較適合食慾低落的時候或是高齡兔。

以原料牧草的不同來選擇

提摩西草（禾科）是低熱量，紫花苜蓿（豆科）為高熱量。請配合成長來選擇所需的種類。

依照添加的效果來選擇

也有可促進吞入的被毛順利排出的長毛種用、抑制糞便氣味的除臭型、減肥用等不同種類。請配合個體來選擇吧！

這些也要確認！

- ☐ 有清楚標示製造日期和有效期限
- ☐ 有清楚標示原料
- ☐ 有標示為「綜合營養食」
- ☐ 不使用色素及防腐劑

▶ 一日的顆粒飼料分量標準（成兔）

以體重 1kg 的兔子為例

1kg × 1.5～3％ = 15～30g

理想做法是將左記的分量分成一天2次給予。蔬菜最多約為一日給予顆粒飼料量的1成，牧草則可以讓她愛吃多少就吃多少。

高明的顆粒飼料給予法

① 一天2次，最好早上少給一點，晚上多給一點

顆粒飼料和蔬菜請在早上和傍晚至夜晚分成2次給予。由於兔子晚上比較活潑，所以要用早上1/3、晚上2/3的比例給予，晚上可以多給一點。

② 配合成長和體質，改為需要的種類

成長期和上了年紀後所需的營養成分和分量都會不同。請巧妙地更換成配合成長所需的顆粒飼料吧！

依照成長狀況

照片為2歲左右的成兔用（左）和4歲以上的高齡兔用（右）。以各年齡需要的營養、咀嚼容易度等為基準，選擇適合的產品吧！

依照不同毛質

照片為富含纖維質的短毛種用（左），以及具有促進吞入被毛排出效果的長毛種用（右）。

③ 更換顆粒飼料時，要一點一點換成新的

突然更換顆粒飼料，兔子可能會因為口味改變了而感到困惑，變得完全不吃。還有，就算是同一品牌，打開新袋時，也可能會不吃。請用補足原有飼料減少的分量般，一點一點地添上新飼料，花點時間慢慢做更換吧！

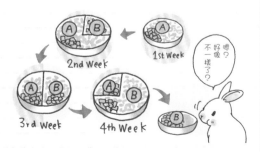

副食 蔬菜

以黃綠色蔬菜為主，選擇纖維質多的種類

兔子的正餐就是牧草和顆粒飼料。蔬菜雖然不是絕對需要的食物，卻很適合做為食慾低落時的營養補給或是教養時的獎勵品來給予。由於兔子會對陌生的味道敬而遠之，所以最好從小開始就給予極少量，讓牠先記住味道。除了可能會引起中毒的蔬菜之外，基本上可以給予任何蔬菜，不過吃太多可能會引起下痢或是發胖。以黃綠色蔬菜為主，選擇纖維質多的種類，並注意避免過度給予。

可以給兔子吃的蔬菜

- 紅蘿蔔
- 青花菜
- 青江菜
- 小松菜
- 高麗菜
- 美生菜
- 白蘿蔔葉
- 蕪菁葉
- 花椰菜
- 荷蘭芹
- 黃麻菜
- 芹菜 等等

蕪菁葉

青江菜

高麗菜

兔子 MEMO

富含鈣質的蔬菜要注意！

萬一攝取過多富含鈣質的蔬菜，會容易罹患在尿道或膀胱形成結石的尿石症，所以需注意避免過度給予。

●富含鈣質的蔬菜：白蘿蔔葉、蕪菁葉、小松菜等。

給予蔬菜時的注意事項

1 最多只能佔主食
顆粒飼料的1成

給予蔬菜時，最好控制在一日給予的顆粒飼料總量的1成以內。兔子非常喜歡吃蔬菜，只要給牠就會一直吃，所以請控制適量。

2 攝取太多蔬菜
容易下痢

只吃蔬菜，不吃顆粒飼料或牧草的話，食物纖維不足，容易造成下痢。建議給予水分少、纖維多的青花菜莖或芹菜莖。

3 充分洗淨，完全去除水氣後給予，吃剩的請收拾掉

蔬菜仔細洗淨，完全瀝乾水氣後，切成容易食用的小塊後給予。生鮮蔬菜容易腐敗，所以吃剩的要在更換顆粒飼料時收拾掉。

洗淨後
切成小塊。

我要開動了～

副食 **野草**

**只給予能夠確認
安全的種類**

野草（香草）也可以給兔子吃，不過其中不乏刺激過強的或是會引起中毒的種類，所以只能給予確認安全無虞的野草。請充分洗淨，瀝乾水氣後再給予吧！自行採摘的野草可能會噴灑到農藥等，還是儘量給予市面販售的野草較為安心。

可以給兔子吃的野草

- 繁縷
- 白花苜蓿（白花三葉草）
- 西洋蒲公英
- 薺菜
- 車前草
- 薺草

等等

車前草

白花苜蓿

零食 水果

兔子最喜歡的東西，不過需注意不可過度給予！

水果中雖然也有維生素和纖維質豐富的種類，但對兔子來説卻相當於零食。因為有甜味，所以兔子非常喜歡。不過，由於糖分和熱量高，過度給予可能會成為肥胖或蛀牙的原因，所以必須注意給予的量。請將生鮮水果細切成可以放在指尖上的大小，給予極少量。也可以使用在教養上，當兔子不想被抱或是梳毛時，如果牠乖乖做到了，就當做獎勵品地給予。

好好吃的樣子♪

可以給兔子吃的水果

- 蘋果
- 鳳梨
- 哈密瓜
- 香蕉
- 葡萄
- 草莓
- 木瓜
- 橘子 等等

給予水果時的注意事項

Point!

1 過度給予可能會造成身體失調

糖分多的水果容易造成肥胖，而且吃太多也可能變得不吃顆粒飼料。如果不吃營養均衡的顆粒飼料，身體就會失調，因此請特別注意不要過度給予。

2 充分洗淨，瀝乾水氣後給予

不用剝皮可直接給予的水果，最好充分洗淨，瀝乾水氣，切成小塊後給予。成串的水果或要剝皮的水果，請先撕成小塊後讓牠少量食用。

零食 乾燥食品（水果、蔬菜、樹葉等）

善加活用在感情交流上

　　將蔬菜或水果等切塊乾燥的乾燥食品，也是兔子喜愛的食物。由於水分少又可以攝取到纖維質等養分，所以在牠沒有食慾時、剛開始飼養時、要讓牠習慣飼主而進行用手餵食的練習時等等，都可加以利用。

　　因為熱量高，注意僅可給予極少量，避免過度給予。

曬乾的青木瓜絲。一般認為其酵素作用可以預防毛球症。

草莓乾含有豐富的天然食物纖維果膠以及檸檬酸。請儘量選擇未添加砂糖的製品。

選擇時的確認事項！ Point!

□ **儘量選擇沒有「加糖」的製品**
添加糖分會讓兔子更愛吃，相對地，過度給予就會造成肥胖。儘量選擇無添加的製品吧！

□ **建議選擇纖維質多的種類**
選擇桑葉、枇杷葉、蘋果、大麥嫩芽等纖維質多、熱量低的製品也是重點。

兔子MEMO 也可以使用微波爐或日曬的方法來自製

將洗淨切好的蔬菜或水果鋪在廚房紙巾上吸乾水氣後，以微波爐加熱5～10分鐘（500W），或是日曬個10天左右就完成了。

其他 輔助食品

視需要選購

　　另外也有可提高整腸作用的產品、以補充營養為目的的製品等等。開始飼養兔子時，也可以在兔子專門店裡詢問攝取輔助食品的相關問題。請視需要，在接受過獸醫師或專門店人員的指導後再選購吧！

可以促進腸子蠕動的乳酸菌輔助食品。

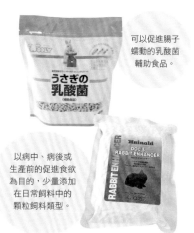

以病中、病後或生產前的促進食慾為目的，少量添加在日常飼料中的顆粒飼料類型。

不可給予的食物

不可給予會造成中毒或熱量攝取過度的食物！

不可以給兔子吃的食物,有吃了會引起中毒的東西、熱量對兔子來說過高的東西等等。飼主應充分注意,避免讓兔子誤食或是給予。

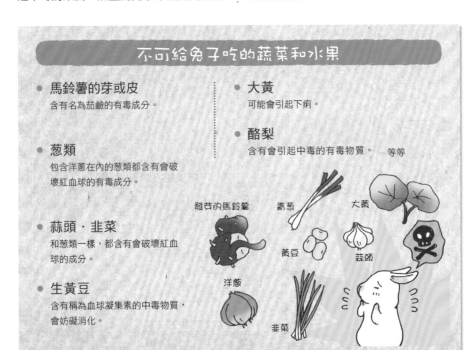

不可給兔子吃的蔬菜和水果

- **馬鈴薯的芽或皮**
  含有名為茄鹼的有毒成分。

- **蔥類**
  包含洋蔥在內的蔥類都含有會破壞紅血球的有毒成分。

- **蒜頭・韭菜**
  和蔥類一樣,都含有會破壞紅血球的成分。

- **生黃豆**
  含有稱為血球凝集素的中毒物質,會妨礙消化。

- **大黃**
  可能會引起下痢。

- **酪梨**
  含有會引起中毒的有毒物質。　等等

發芽的馬鈴薯　青蔥　大黃
黃豆　蒜頭
洋蔥　韭菜

不可給兔子吃的野草類

對人類有效用的野草(香草),有些少量給予並不會有問題,但是其中還是有刺激過強、對兔子有害的種類。請避免在未查明清楚前就給予。

- 石蒜
- 石南
- 牽牛花
- 水仙
- 三色堇
- 鈴蘭
- 蕨菜

等多數

兔子MEMO

觀葉植物也需注意！

在觀賞用的植物中,也有很多都是兔子吃到會有危險的花草。放牠從籠子出來外面玩時,請充分注意不要讓牠吃到觀葉植物。

不可給兔子吃的人類食物・嗜好品

- **巧克力**
  含有咖啡因和可可鹼等有害物質。

- **咖啡・茶**
  所含的咖啡因對兔子有害。

- **酒精類**
  含有酒精的飲料對兔子來說是刺激物。

- **含有穀類的食物**
  餅乾或零嘴點心等含有穀類的食物，
  其澱粉可能會在腸內異常發酵。

- **人的食物・點心**
  草食性的兔子不需要魚和肉。此外，
  人的食物不僅熱量過高，也可能會不
  小心吃下蔥類等。

兔子 MEMO

肥胖的兔子請用飲食和運動來控制體重！

過度肥胖，身體變得笨重，兔子就會更不喜歡運動，陷入惡性循環當中。
請想辦法讓兔子慢慢減肥吧！

要領1 不減少分量地
減少熱量

請參考111頁的飼料更換方法，不減少分
量地轉變為低熱量的顆粒飼料。突然更
換會讓兔子不肯吃，所以要領是少量少
量地更換。

要領2 嚴禁突然的減肥！

急遽的減肥對身體不好，這對人和兔子來說都一樣。
請向獸醫師諮詢，有耐性地進行吧！

要領3 設法讓牠自然地運動

用新的玩具來刺激兔子
的好奇心，或是多使用
垂掛型或滾動型的玩具
等，想辦法自然地增加
運動量。

兔子的身體～內臟篇～

　　要讓兔子健康地生活，胃和腸道的功能特別重要。兔子的消化器官非常纖細，在極度的壓力下，或是有兔子不需要的食物進入時，就會造成胃腸機能低落。請給予優質的顆粒飼料和食物纖維豐富的牧草，來保持胃腸的健康吧！

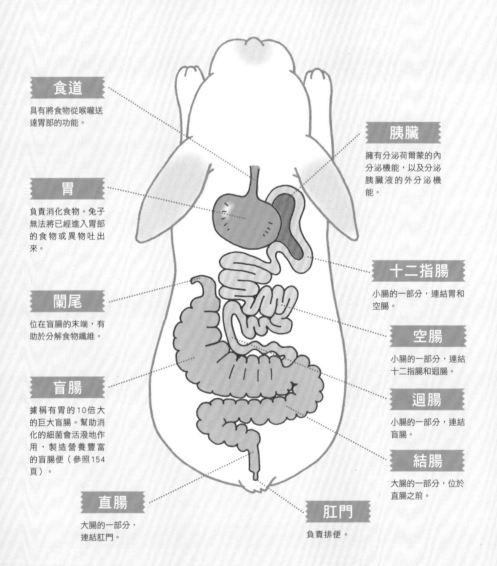

食道
具有將食物從喉嚨送達胃部的功能。

胰臟
擁有分泌荷爾蒙的內分泌機能，以及分泌胰臟液的外分泌機能。

胃
負責消化食物。兔子無法將已經進入胃部的食物或異物吐出來。

十二指腸
小腸的一部分，連結胃和空腸。

闌尾
位在盲腸的末端，有助於分解食物纖維。

空腸
小腸的一部分，連結十二指腸和迴腸。

盲腸
據稱有胃的10倍大的巨大盲腸。幫助消化的細菌會活潑地作用，製造營養豐富的盲腸便（參照154頁）。

迴腸
小腸的一部分，連結盲腸。

結腸
大腸的一部分，位於直腸之前。

直腸
大腸的一部分，連結肛門。

肛門
負責排便。

身體的護理和
各個季節・年齡層
的照顧

梳毛的方法

梳毛可保持美麗清潔的被毛，
在及早發現身體異常變化上也很重要。最好定期進行。

在感情交流和健康檢查上是不可或缺的

　　梳毛不僅能保持外觀的美麗，在守護兔子的健康上也是不可或缺的。兔子在春天和秋天會有換生被毛的換毛期，這個時期被毛會大量脫落。雖然兔子可以自己理毛，但若吞下大量的脫落毛，可能會罹患毛球症這種病。如果是在有溫度管理的室內飼養，可能還會不限春秋季節地掉毛。也為了避免疾病，最好定期進行梳毛。

短毛種的梳毛方法　理想次數：2、3天1次

1 噴灑美容噴劑

將兔子放在大腿上，用手掌遮住耳穴和眼睛，從額頭到背部噴上美容噴劑。均勻地將噴劑輕輕揉入被毛根部。

**2 針梳從臀部
開始進行梳毛**

從臀部到頭部，一邊撥開被毛地使用針梳來梳毛。注意梳針末端不要接觸到皮膚。

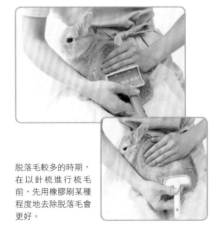

脫落毛較多的時期，在以針梳進行梳毛前，先用橡膠刷某種程度地去除脫落毛會更好。

短毛種兔子的梳毛必需用品

美容噴劑
使污垢浮出，更容易去除，也可以為被毛增添光澤。

針梳
去除浮起的毛，或是梳開毛球時使用。請選擇梳針末端呈圓形的針梳。

寵物墊
鋪在大腿上，避免脫落毛沾附在衣服上，處理時更輕鬆。也可以使用毛巾，但需選擇毛腳非圈狀的製品。

鬃毛刷
最後完成時使用。毛質柔軟，也有按摩效果。

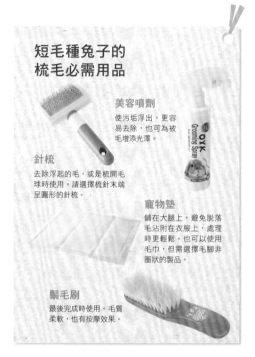

兔子MEMO

做好脫落毛對策後再進行梳毛！

戴上口罩避免吸入脫落毛，並穿上圍裙。兔子可能會亂動抓撓手臂，最好穿上長袖衣物。更進一步地，先鋪上休閒用地墊或是美容用布，之後收拾起來就更輕鬆了。

---

3 用鬃毛刷梳理全身

順著毛流，用鬃毛刷梳理全身。不要過度用力地輕輕梳開，也有促進血液循環的效果。

額頭和耳朵也用鬃毛刷輕輕地梳理。

4 順過全身就完成了

沿著毛流，用手將全身順過一遍，短毛種的梳毛就完成了。

變漂亮了嗎？

⚠ 肚子不需要梳毛

梳子不要使用在皮膚柔軟的肚子上。將美容噴劑噴在手上，輕輕地揉入，去除脫落毛。

容易糾結的長毛種要仔細梳理

　　長毛種的被毛比短毛種長，也因此容易打結，沾附污垢，所以必須仔細地梳理。在高溫多濕的梅雨季和夏天也要擔心皮膚病，所以梳毛時要順便檢查。另外，僅在濕度高的時期可以請專業的寵物美容師將兔子的毛剪短。

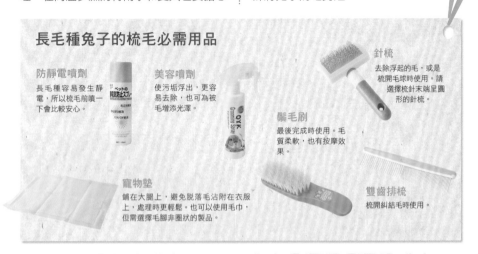

長毛種兔子的梳毛必需用品

防靜電噴劑
長毛種容易發生靜電，所以梳毛前噴一下會比較安心。

美容噴劑
使污垢浮出，更容易去除，也可為被毛增添光澤。

針梳
去除浮起的毛，或是梳開毛球時使用。請選擇梳針末端呈圓形的針梳。

鬃毛刷
最後完成時使用。毛質柔軟，也有按摩效果。

寵物墊
鋪在大腿上，避免脫落毛沾附在衣服上，處理時更輕鬆。也可以使用毛巾，但需選擇毛腳非圈狀的製品。

雙齒排梳
梳開糾結毛時使用。

長毛種的梳毛方法　理想次數：盡可能每天

1　噴上防靜電噴劑

抱在大腿上，全體噴上防靜電噴劑。一邊用手掌保護眼睛和耳朵，以免噴劑進入。

2　用雙齒排梳梳開糾結毛

從臀部開始，撥開被毛後依粗齒、細齒的順序用雙齒排梳梳理。毛球不要用力拉扯，一邊按住毛根地仔細地梳開。

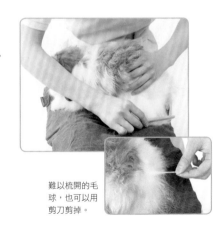

難以梳開的毛球，也可以用剪刀剪掉。

Point!

討厭梳毛的時候要帶到地盤外或是用矮桌進行

青春期等時，兔子可能會討厭梳毛。這時，只要移動到非平常生活的房間，或是在較低的桌檯上進行，就會變得溫順。

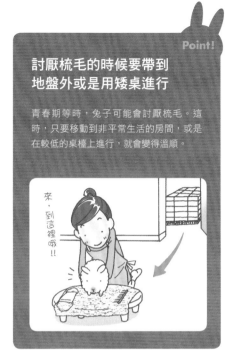

來，到這裡哦!!

有困難時交給專家也是一個方法

拙劣的梳毛技術可能會讓兔子討厭。當兔子亂動造成作業困難時，也可以考慮交給專業美容師處理。如果讓兔子知道梳毛並不是件不愉快的事情，在家中進行梳毛時也會變得更容易。

拜託了!

交給我吧!

---

3 噴上美容噴劑，用針梳梳理

噴上美容噴劑，仔細揉入後，從臀部開始用針梳梳理。一邊撥開被毛地仔細進行。

注意避免美容噴劑進入眼睛和耳朵中。

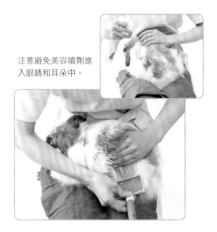

4 額頭和耳朵使用鬃毛刷，全身用雙齒排梳梳理

敏感的額頭和耳朵周圍用鬃毛刷梳理，全身則用雙齒排梳順著毛流梳開就完成了。在空氣乾燥的時期，最後可以再次噴上防靜電噴劑。

耳朵下側容易形成毛球，也可以用雙齒排梳去除毛球後，再用鬃毛刷梳理。

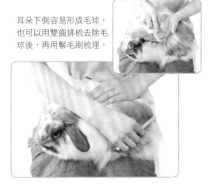

清潔身體的方法

趾甲太長或是身體髒污，會成為受傷或是健康不佳的原因。
來學習迅速流暢的清潔護理法吧！

為了預防疾病和受傷，請定期清潔護理

和梳毛一樣，身體的護理在預防受傷和疾病上也非常重要。因為要被迫採取不習慣的姿勢，有不少兔子都會排斥，不過放置不管對健康並不好。從平常就要進行感情交流，讓兔子不會討厭被人碰觸吧！

順利護理身體的要領

1 平常就要先讓牠習慣懷抱和觸摸

兔子和飼主之間如果有信賴關係，護理就能順利進行。因此，最好從平日就讓牠習慣被人觸摸和懷抱。

抱著也沒關係♪

2 利用專用的清潔護理用品，縮短時間

市面上有販售適合兔子的清潔護理用品。利用這些專用品，縮短清潔護理的時間，也可以減輕兔子的壓力。

修剪趾甲

1～2個月1次，長了就修剪

野生的兔子在山裡四處奔跑，會將趾甲自然磨損掉，不會有過長的情況，不過寵物兔卻是處在趾甲容易長長的環境之中。當趾甲的末端開始朝下彎曲時，就是太長的徵兆。一次要修剪所有的趾甲是很困難的，所以剛開始的時候，可以每天只修剪1根，或是由2個人進行。

1　修剪前腳的趾甲

以基本抱法讓兔子橫向坐在大腿上（參照P120），從外側的前腳趾甲開始修剪。修剪內側的前腳趾甲時，要改變兔子的方向，變成在外側後再進行修剪。

▼

2　修剪後腳的趾甲

修剪後腳的趾甲時，仰抱比較容易進行。像要推出趾甲般地抓住腳趾後修剪。尚未熟練前，建議由一個人按住兔子，另一個人負責修剪。

▼

3　用銼刀磨平

修剪過的趾甲末端要用銼刀磨平。尚未熟練剪趾甲時，不勉強進行也沒關係。

必需用品

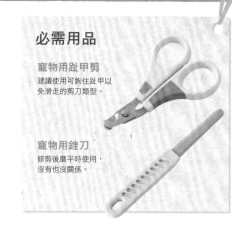

寵物用趾甲剪
建議使用可鉤住趾甲以免滑走的剪刀類型。

寵物用銼刀
修剪後磨平時使用，沒有也沒關係。

將距離血管2～3mm的末端剪掉!!

兔子MEMO

萬一剪到血管，有趾甲止血劑就能安心

誤剪到血管時，使用寵物用趾甲止血劑，可以迅速止血。請不要使用在爪子以外的地方。

照片為粉狀的止血劑。塗抹在出血部位，約3秒鐘就能止血。14g，約2000日圓。

耳朵的清潔

經常檢查，只在髒污時輕柔地清潔

兔子的耳中基本上要光滑乾淨。尤其是垂耳的品種，梳毛時也要檢查耳朵裡面，並一併確認是否有發出令人厭惡的氣味。耳朵髒污也可能是疾病造成的，如果不放心，也可以詢問獸醫師。

必需用品

寵物用耳朵清潔液
有助於拭除污垢。請選擇不含酒精、刺激性低的製品。

棉花棒
用於拭除耳垢。

1　用眼睛觀察，確認耳中的髒污

將兔子抱到大腿上，確認耳中是否髒污？有沒有發出怪異的氣味？

▼

2　用棉花棒沾取耳朵清潔液

滴2、3滴耳朵清潔液在棉花棒上，讓棉花濕潤，注意不可過度浸濕。

▼

3　輕輕地去除耳中的污垢

注意不可用力搓擦，輕輕地拭除污垢即可。改變兔子的方向，另一側的耳朵也同樣進行。

▶ **尚未熟練時建議使用寵物用的大型棉花棒**

照片為人用的小棉花棒，其實市面上也有販售寵物用的棉花棒。棉花部分直徑約1cm，可以避免太過深入。尚未熟練的人使用這種棉花棒比較安心。

兔子 MEMO

兔子的耳穴有2個？

看看兔子的耳朵，乍看之下好像有2個洞。其實上面的洞就並沒有通到裡面，下面的洞才是耳穴。好好記住，清潔耳朵會比較容易哦！

眼睛的清潔

如果有污垢，待污垢浮起後再拭除

兔子理毛時，自己也會將眼睛的污垢一起清除；而不容易清除的污垢，就要飼主代勞了。經常清理乾淨，卻仍有大量眼屎或眼淚出現時，可能是身體的不適表現在眼睛上。不放心時請向獸醫師諮詢。

必需用品

眼睛的洗淨液
讓黏著的污垢浮起，更容易去除。沒有專用液時，也可以使用市面販售的生理食鹽水。

面紙
用來擦拭浮起的污垢。

1 仔細觀察，確認有無髒污

將兔子抱到大腿上，往上下拉開眼睛，確認是否髒污。注意不要用力扯開。

▼

2 滴下洗淨液，拭去浮起的污垢

滴2、3滴洗淨液，待污垢浮起後，用面紙擦掉。不要過度用力搓擦。

肛門周圍的清潔

有氣味強烈的分泌物時就擦掉

兔子的顎下和肛門旁邊有會發出氣味的臭腺，在主張地盤或是發情時，會從肛門旁的臭腺排出氣味強烈的黑褐色分泌物。如果是狗或貓可能需要擠擠，但兔子並不需要這麼做。不過，由於分泌物的味道很臭，所以當發現有排出時，最好擦拭乾淨。

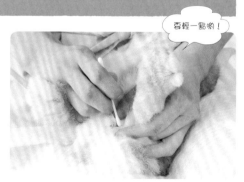

要輕一點喲！

用棉花棒清除

用棉花棒將污垢清除。污垢已經凝固時，稍微噴上美容噴劑，就能有效去除。

127

健康檢查

身體狀況不佳，會表現在身體的各個部位。
進行清潔護理時，也順便檢查一下身體是否有異常吧！

和兔子親近，也比較容易發現變化

兔子無法用語言表達，因此會以身體的變化訴說不適。最好養成進行清潔護理時順便確認是否異常的習慣。從平日就經常做感情交流，也有助於察覺這樣的變化。

● 測量體重

長大了嗎？

大致標準是每週量一次體重，記錄下來。一般的測量方法是，將籃子放在廚房用電子秤或是兔子專用的體重計上，然後將兔子放入籃中進行測量，最後再減掉籃子的重量。

● 眼睛的檢查

檢查有沒有眼屎？淚水的多寡、眼皮是否變紅等。

● 耳朵的檢查

檢查有沒有污垢？是否發出臭味？是否顯出搔癢的樣子？

● 鼻子的檢查

檢查是否流鼻水造成鼻周濕潤？有沒有打噴嚏？

● 牙齒・口腔的檢查

檢查門牙有沒有歪曲？是否散發出奇怪的味道？

● 腳的檢查

檢查腳底的毛是否脫落？碰觸時有沒有疼痛的樣子？

● 臀部的檢查

檢查是否下痢而被糞便弄髒？有沒有分泌物？

兔子的健康檢查表

今天的 _____

| 年 | 月 | 日 | 天氣 _____ | 氣溫 ___ ℃ | 濕度 ___ % |

體重	_____ g　　增加 ・ 不變 ・ 減輕
飲食	牧草／ 吃很多 ・ 普通 ・ 吃不多 ・ 完全沒吃 顆粒飼料 _____ g ／ 吃很多 ・ 普通 ・ 吃不多 ・ 完全沒吃 其他（ 　　　　　　　　　　　　　　　　　　）
身體檢查	□眼睛 □耳朵 □鼻子 □牙齒・口腔 □腳 □臀部 ・清潔護理的內容和在意事項 （ 　　　　　　　　　　　　　　　　　　　　）
食慾	吃很多 ・ 普通 ・ 吃不多 ・ 完全沒吃 ・在意事項 （ 　　　　　　　　　　　　　　　　　　　　）
飲水量	喝很多 ・ 普通 ・ 喝不多 ・ 完全沒喝 ・在意事項 （ 　　　　　　　　　　　　　　　　　　　　）
行動・心情	動來動去 ・ 同平常 ・ 不太活動 ・ 完全不動 ・在意事項 （ 　　　　　　　　　　　　　　　　　　　　）
排尿	多 ・普通 ・少 ・顏色和狀態 （ 　　　　　　　　　　　　　　　　　　　　）
排便	多 ・普通 ・少 ・顏色和狀態 （ 　　　　　　　　　　　　　　　　　　　　）
其他在意事項和今天完成的事項	

各個季節的照顧

兔子對濕度和冷熱敏感，身體狀況容易變差，
所以請配合季節採取對策，讓兔子能夠健康有活力地度過吧！

春・秋　　注意脫落毛及冷熱溫差

勤於梳毛

注意晝夜的溫差!!

哇～

　　春天和秋天的氣候穩定，是比較容易度過的季節。不過，早春和晚秋的白天雖然溫暖，早晚氣溫還是會驟降。由於一天中的氣溫會急遽變化，因此需調節溫度以免兔子的身體不適。秋天食慾會增加，也要注意體重管理。因為這時也是換毛期，所以要比平常更勤於梳毛等，注意不要讓兔子吞下大量的脫落毛。

梅雨　　做好萬全的濕度管理

keep out

濕度維持在40～60%

吃剩的食物立刻收拾掉

　　濕度變高的梅雨時節，要擔心的是皮膚的疾病。利用空調或除濕機，將濕度管理在40～60%，並經常檢查皮膚是否有異常。這時也是食物容易潮濕或腐敗的時期，所以牧草和顆粒飼料請確實密封保存，吃剩的蔬菜類不可放置不管，應儘早收拾乾淨。籠內要保持清潔，以免雜菌繁殖。

夏　注意酷熱引起的中暑

在超過30℃的悶熱室內，兔子會發生中暑。將籠子放置在通風良好的場所，或是外出時也要打開空調來做因應。酷熱的日子請儘量避免讓兔子外出。梅雨持續時，食物容易腐敗，所以吃剩的請立刻處理掉。

28℃
避開直射陽光

空調設定在28℃

結凍的寶特瓶

舒服❤

※放置結凍的寶特瓶時，為了避免水滴落下弄濕被毛，請用毛巾包裹起來。

推薦用品

可以吸收體溫，往外部散熱的鋁製涼板。鋪在籠內使用。

冷凍後使用的保冷劑，可用毛巾包裹後置於籠子上方，也可以放入移動時的提籠中。

冬　採取寒冷對策來管理身體狀況

請管理溫度，避免室溫低於10℃。也可以利用加濕器，注意避免過度乾燥。籠子安裝腳輪等，稍微離開地板，可以防止底部寒冷。用瓦楞紙板圍住籠子，再覆蓋毯子，就能提高保溫效果。

好溫暖喔~

推薦用品

布製的床鋪不用插電，可安心使用。

放入籠內使用的寵物用電熱板。放置在籠子的一角，好讓兔子能夠在覺得太熱時移動到他處。

各個年齡層的照顧

為了讓兔子能夠一直健康地度過每一天，
來知道各個年齡層的照顧重點吧！

配合成長進行照顧，朝向長壽的目標

兔子的平均壽命是7、8年，不過，若是可以給予舒適的環境和適當的飲食，兔子是能夠長壽的。在飼料的充實和醫療進步的幫助下，活超過10年的兔子已經不再少見。在尋求長壽上，重要的是配合成長過程的照顧。小的時候，食慾和運動量都很豐富，但是只要上了年紀，運動量就會減少。請考慮這些情形，一方面配合個體地改變照顧的內容吧！

吾讓我長壽哦♪

兔子和人類的年齡對照表

	兔子	人類
成長期	2 個月	嬰兒
	3 個月	小學生
少年期	6 個月	國中生
	7 個月	高中生
成年～中年期	1 年	成人
	2～3 年	青年
	3～5 年	中年
老年期	5 年～	老年

成長期

斷奶後～出生後6個月左右

注意溫度管理，必須充分攝取營養的時期

兔子大約在出生後6個禮拜會完全斷奶。才剛斷奶時，體力不佳，往往稍微的環境變化就會造成下痢，或是讓身體不適。徹底做好溫度‧濕度的管理吧！牧草可以混合高熱量的紫花苜蓿和可提高咀嚼力的一割提摩西草，顆粒飼料則選用幼兔用的高營養價值產品。這個時期可以讓牠愛吃多少就吃多少。攝取充足的營養，建造身體是首要。等到牠習慣環境，就可以試著開始如廁教養了。

照顧的重點

● 注意冷熱溫差。室溫20～28℃、濕度40～60%為理想。

● 開始如廁教養。

● 這個時期的繁殖還太早，最好避免。

濕度 40～60%

溫度 20～28℃

兔子 MEMO

3個月大後，可能會開始出現困擾行為

到了出生後約3、4個月大，即使之前一直都是乖寶寶的溫順兔子，也可能會出現胡鬧或是令人困擾的行為。這是任何兔子都可能會發生的情形，飼主不須因此心情低落，了解行為的意義後再做處理吧！

困擾行為的應對法 ▶▶▶
84頁

飲食的重點

● 為了防止一下子吃太多，顆粒飼料最好一天分3次給予。

● 這個時期需要將近成兔倍數的熱量。可以讓牠充分攝食。

少年期

身體成長完畢，
運動量增加的時期

兔子出生6個月大左右，體型已經成長到幾乎如同成兔了。請將之前充分給予的顆粒飼料減少成適當的分量（體重的3％以下）。好奇心增加，運動量也會增加，但是骨骼卻可能還沒有長好，所以需注意掉落意外造成的傷害。

照顧的重點

- 運動量增加，所以需注意掉落意外和觸電。
- 適合繁殖的時期。
- 去勢‧避孕手術也適合在這個時期進行。

飲食的重點

- 牧草要和成長期一樣充分給予。
- 也可以給予極少量的蔬菜和水果。

成年～中年期

變得容易肥胖，
需注意運動和飲食

出生1年後就是健壯的成兔了。持續保持旺盛的好奇心，活潑好動，所以需注意避免發生意外。變得容易肥胖，因此請重新審視飲食的內容，讓兔子能吃飽並且控制熱量。

照顧的重點

- 配合年齡（運動量）來佈置玩具。

飲食的重點

- 牧草以熱量低的提摩西草為主。
- 顆粒飼料要遵守適量，如果顯得肥胖，可考慮選擇減肥用的。
- 注意鈣質攝取過多的問題。

老年期

5歲以上

運動量減少，
必須做好對疾病的準備

　　過了5歲，運動量開始減少，變得容易肥胖。還有，因為容易罹患膀胱結石等疾病，所以要更換成少鈣、低熱量的高齡兔用顆粒飼料。身體狀況容易因為冷熱溫差而變壞，所以溫度管理也是很重要的。當身體變得無法隨意活動，有些兔子便不再理毛。要經常幫牠梳毛，如果兔子不討厭的話，也建議幫牠按摩來促進血液循環。

 成熟的雌兔
有肉垂

雖然有個體差異，但雌兔成熟後，從下巴到胸部會逐漸隆起。這稱為肉垂，並不是疾病。

照顧的重點

- 做好溫度管理，避免冷熱溫差。

- 減少不需要的玩具，不要經常更動籠內的佈置。

- 勤於梳毛，也建議做按摩。（※）

- 定期做健康檢查。

用按摩來促進血液循環哦～

飲食的重點

- 更換成低熱量、少鈣的顆粒飼料，牧草以柔軟的二割提摩西草為主。

- 如果有需要，可以添加輔助食品。

莖細柔軟的二割提摩西草，推薦給咀嚼力變差的高齡兔。

兔子的身體～骨骼篇～

兔子的骨骼特色是脆弱、容易骨折。相對於體型差不多大小的貓，骨骼對體重的比例為12～13％，但是兔子卻只有7～8％左右。除了掉落意外，只要不小心被人踩到就會骨折。飼主從平日就要注意，以免意外發生。

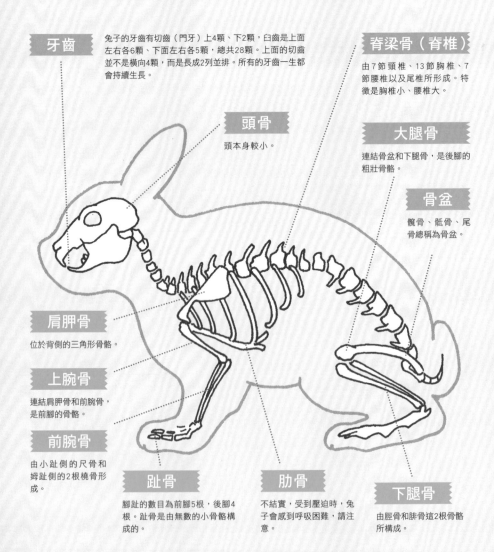

牙齒
兔子的牙齒有切齒（門牙）上4顆、下2顆，臼齒是上面左右各6顆、下面左右各5顆，總共28顆。上面的切齒並不是橫向4顆，而是長成2列並排。所有的牙齒一生都會持續生長。

脊梁骨（脊椎）
由7節頸椎、13節胸椎、7節腰椎以及尾椎所形成。特徵是胸椎小、腰椎大。

頭骨
頭本身較小。

大腿骨
連結骨盆和下腿骨，是後腳的粗壯骨骼。

骨盆
髖骨、骶骨、尾骨總稱為骨盆。

肩胛骨
位於背側的三角形骨骼。

上腕骨
連結肩胛骨和前腕骨，是前腳的骨骼。

前腕骨
由小趾側的尺骨和姆趾側的2根橈骨形成。

趾骨
腳趾的數目為前腳5根，後腳4根。趾骨是由無數的小骨骼構成的。

肋骨
不結實，受到壓迫時，兔子會感到呼吸困難，請注意。

下腿骨
由脛骨和腓骨這2根骨骼所構成。

為疾病和受傷
做好準備

先找好主治醫師

為了避免兔子身體不適時慌張失措，
先找好家庭動物醫院吧！

先找好家庭動物醫院

建議找有診療兔子、往來方便的醫院

　　雖然有診療兔子的動物醫院也日漸增加了，不過和貓狗比起來，數量還是不多。最好趁著兔子還健康時就開始調查，先找好有治療兔子的動物醫院吧！選擇時的重點如右所示。也可以參考有養兔子的飼主口碑等，來選擇優良的家庭動物醫院。

選擇動物醫院的重點

❶ 有進行兔子的診療
確認是否有診療兔子？

❷ 離家近，便於往來
兔子突然身體不適時，距離是否可立刻前往也是選擇的基準。

❸ 醫師會詳細問診並說明
會詳細聽取狀況並說明治療方針的醫師，可讓人安心。

❹ 醫師對兔子的處置很熟練
不只是做事務性的診察，能夠小心謹慎地處置的醫師，才能讓兔子安心。

❺ 治療費的明細清楚明瞭
請選擇會開出明確的治療費用收據，而且對飼主不明瞭的收費也願意詳細說明內容的醫院。

前往動物醫院時的注意事項

攜帶必需物品前往，詳細說明使診斷順利

 1 先確認診療時間及休診日

除了看診時間和休診日外，看診的獸醫師是否有值班等，最好先以電話或上網確認。

 2 接受診療前先取得聯絡

兔子的情況突然變得不對勁時，要先向醫院預約聯絡，以便醫院方面做好準備。

 3 帶著可做為診斷材料的東西前往

糞便或尿液、知道兔子可能誤吞的東西時，可以一起帶到醫院，或是將能夠詳細告知情況的筆記也帶過去。

 4 平日負責照顧的人也要同行

為了詳細說明兔子的異常，進行最適當的處置，平日負責照顧的人最好也要同行。

 5 先想好如何具體告知症狀

要做正確的診斷，飼主的說明是重要的線索。儘量讓自己能夠具體說明兔子不適的情況。如果有記錄飼育日記，請攜帶前往。

 清楚明瞭的說明

 難以了解的說明

平常很好動的，現在卻幾乎不動了。

飲食的內容沒有改變，牠卻不吃了。

糞便變軟，次數也增加了。

好像會拖著腳走路。

呼吸變快，好像喘不過氣來。

OK

牠的動作怪怪的！

不吃飯。

大便怪怪的!!

呼吸不對勁！

好像不太舒服……

NG

兔子常見的10大症狀

在此整理出兔子特別容易發生的10個症狀。
如果有相同的症狀，請不要猶豫，立即前往動物醫院吧！

眼睛異常
- 眼屎或淚水變多 ▶▶▶ 前往142頁
- 眼睛混濁 ▶▶▶ 前往143頁

鼻子異常
- 鼻子濕潤 ▶▶▶ 前往144頁
- 鼻子粗糙乾燥 ▶▶▶ 前往144頁

口腔異常
- 出現流口水或是進食方式怪異 ▶▶▶ 前往145頁

呼吸異常
- 鼻、肺、心臟的疾病 ▶▶▶ 前往146頁
- 心臟、胸部的腫瘤 ▶▶▶ 前往146頁

要早點發現哦！

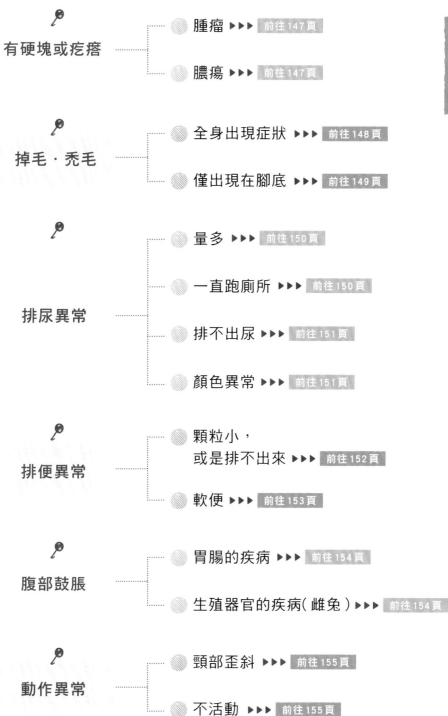

有硬塊或疙瘩
- 腫瘤 ▶▶▶ 前往 147 頁
- 膿瘍 ▶▶▶ 前往 147 頁

掉毛・禿毛
- 全身出現症狀 ▶▶▶ 前往 148 頁
- 僅出現在腳底 ▶▶▶ 前往 149 頁

排尿異常
- 量多 ▶▶▶ 前往 150 頁
- 一直跑廁所 ▶▶▶ 前往 150 頁
- 排不出尿 ▶▶▶ 前往 151 頁
- 顏色異常 ▶▶▶ 前往 151 頁

排便異常
- 顆粒小，或是排不出來 ▶▶▶ 前往 152 頁
- 軟便 ▶▶▶ 前往 153 頁

腹部鼓脹
- 胃腸的疾病 ▶▶▶ 前往 154 頁
- 生殖器官的疾病（雌兔）▶▶▶ 前往 154 頁

動作異常
- 頸部歪斜 ▶▶▶ 前往 155 頁
- 不活動 ▶▶▶ 前往 155 頁

眼屎或淚水變多

可能的疾病 ▶▶▶ 結膜炎、角膜炎、淚囊炎　等

● 主要原因和症狀

可能是結膜或角膜發炎，造成出現眼屎和眼淚的結膜炎或角膜炎，或是淚水通道受到阻塞，引起發炎的淚囊炎。除了眼淚和眼屎之外，也可能會出現眼瞼發紅、流膿等症狀；而不斷流出的淚水，也可能造成眼睛周圍的被毛脫落。

在眼睛異常上必須注意的是，它也可能是其他疾病的某一症狀。尤其是咬合不正所造成的情況也不少。不要認為只是流淚而已，可以不加理會，最好全身都檢查看看是否有異常。

✚ 治療

除了眼睛之外，口腔和全身都要檢查，進行原因疾病的治療。為了改善眼睛的症狀，會進行將細管穿過鼻淚管的入口後進行沖洗的處置。

✚ 家庭中的護理

擦掉淚水和眼屎，讓眼睛周圍儘量保持清潔。有處方點眼藥時，需按照次數進行點藥。

✚ 預防

由於大多數都是因為咬合不正(參照145頁)所引起的，所以要給予可以確實咀嚼的牧草，保持牙齒健康來加以預防。注意不要讓兔子亂咬籠子等。

淚囊炎的病例。可以看到膿液從淚水的出口流出來。

眼淚流不停…

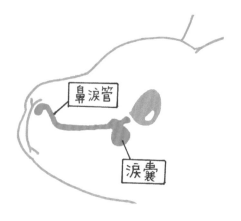

鼻淚管

淚囊

因為牙齒過長等使得鼻淚管受到壓迫，造成通路不順，就會引起淚囊發炎，大量流出淚水和眼屎。

眼睛混濁

可能的疾病 ▶▶▶ 假性翼狀贅肉、葡萄膜炎、白內障、角膜炎 等

◉ 主要原因和症狀

讓眼睛顯得混濁的疾病，有結膜異常生長以至於覆蓋角膜的假性翼狀贅肉、眼睛發炎的葡萄膜炎、角膜發炎所引起的角膜炎、被兔腦炎微孢子蟲這種細菌感染，以及老化所引起的白內障等。

飼主可從兔子眼睛表面出現白色或是近似奶油色的塊狀而察覺。對日常生活雖然不會有太大的影響，不過有些兔子會因為不適而變得躁動不安，或是一動也不動。

葡萄膜炎的病例。可以看到眼球上有呈奶油色的塊狀。

✚ 治療

除了眼睛的檢查外，也可能需要做X光檢查，確認有沒有因為細菌感染所造成的呼吸疾病。發炎嚴重時會處方點眼藥。

✚ 家庭中的護理

為了避免症狀惡化，請定期接受診察。避免因為過度干涉等等而帶給兔子壓力，視力低下時，請不要更改籠內的佈置。

✚ 預防

注意避免牧草等進入眼睛而引起發炎。免疫力低下就容易發生細菌感染等，所以請注意均衡的飲食並保持飼養環境清潔。

鼻子異常

鼻周濕潤

可能的疾病 ▶▶▶ 鼻炎（涕溢症）

主要原因和症狀

主要是感染到巴斯德桿菌而發病的鼻炎症狀，醫院方面也可能會稱為「涕溢症」。鼻水會從清澈透明狀漸漸變成黏稠混濁狀，出現打噴嚏或咳嗽，鼻子也會發出zu-zu-的聲音。前腳內側的毛可能會因為理毛而濕潤，形成毛束。萬一惡化會演變成肺炎，擴散感染到其他臟器，所以要儘早接受診療。

➕ 治療

投與抗生素。細菌存在於鼻中時，藥效難以作用，可能會再度發病。

➕ 家庭中的護理

擦拭鼻水，保持被毛清潔。增加濕度有助於鼻子暢通。

➕ 預防

最好的預防就是維持衛生的環境及均衡的飲食，避免免疫力降低。

鼻周粗糙乾燥

可能的疾病 ▶▶▶ 兔密螺旋體病

主要原因和症狀

這是感染到兔密螺旋體這種細菌而發生的疾病，也稱為「兔梅毒」。由兔子之間的交尾和哺乳等而感染。除了鼻子之外，口部周圍或陰部也可能結成瘡痂。

➕ 治療

注射抗菌藥物或處方內服藥。可能需要採取血液或瘡痂進行檢查。

➕ 家庭中的護理

讓兔子服用處方藥。用藥物就能迅速改善症狀的情況也不少。

➕ 預防

減輕壓力可做為預防。不要讓感染的兔子繁殖也很重要。

兔密螺旋體病的病例。鼻子周圍變成瘡痂一般，可以看出粗糙乾燥的樣子。

口腔異常

流口水或是覺得進食方式怪異

可能的疾病 ▶▶▶ 咬合不正

◎ 主要原因和症狀

如果出現流口水、啣不住東西、很想吃卻又不吃的樣子，就可能是咬合不正（牙齒的咬合偏移、異常生長）。這是由於遺傳或掉落意外、食物纖維不足、持續啃咬過硬的東西（籠子等）所引起。門牙和臼齒都可能會發生。

門牙咬合不正的病例。長得太長的牙齒可能會弄傷皮膚。

✚ 治療

每隔1～數個月就要削短過長的牙齒，以免過長的牙齒傷到口腔，或是壓迫到鼻淚管。

✚ 家庭中的護理

過長的牙齒除了到醫院削短之外別無他法。注意不要讓牠啃咬籠子。

✚ 預防

給予食物纖維豐富的牧草，讓兔子充分咀嚼。就算兔子是希望人放牠出來才啃咬籠子的，但是只要不回應要求，牠就會放棄。也要充分注意掉落意外。

Pick Up!

咬合不正可能是各種疾病的原因！

一旦形成咬合不正，不只一生都必須削磨過長的牙齒，更可怕的還有因為無法進食而造成胃腸機能低下、流口水而造成顎下的毛脫落等二次性疾病。藉由不助長啃咬惡習的教養、富含食物纖維的飲食以及定期的牙齒檢查，努力加以預防吧！

咬合不正

涎囊炎　皮膚病　消瘦　胃腸道停滯

呼吸異常

鼻·肺·心臟的疾病

可能的疾病 ▶▶▶ 嚴重鼻炎、鼻子的腫瘤·膿瘍、肺炎、肺水腫、心臟衰竭　等

主要原因和症狀

可能是嚴重鼻炎造成鼻塞，使得呼吸變得困難，或是感染肺炎，或是驅動心跳的幫浦力量變弱、引起心臟衰竭或肺水腫等情形。罹患鼻炎時，大多仍有食慾，可以保持活力；但如果是肺部或心臟的疾病，就會失去食慾，變得不活動。呼吸異常是非常嚴重的狀況，請儘速帶往動物醫院吧！

➕ 治療

依照原因進行治療。如果是鼻炎、肺炎，為了防止二次性感染，會投與抗生素；如果是心臟疾病，可能必須要吸入氧氣。

➕ 家庭中的護理

籠內不乾淨會讓情況惡化，所以需保持清潔。如果是複數飼養，請避免和其他兔子接觸。

➕ 預防　參照144頁的鼻炎。

心臟·胸部的腫瘤

可能的疾病 ▶▶▶ 肺腫瘤、胸腺腫、淋巴腫　等

主要原因和症狀

心臟或肺部、胸部形成的腫瘤也可能會導致呼吸困難。有的狀況可以切除腫瘤，有的狀況則可望用藥物根治，不過其中也有無法去除腫瘤的情況。這個時候就要進行減輕兔子痛苦的緩和治療。

➕ 治療

進行檢查以找出有無腫瘤、腫瘤的位置、腫瘤的種類（惡性或良性等），進行切除手術或投藥。

➕ 家庭中的護理

如果兔子不能動了，飼主就必須促使牠進食（強制餵食）。注意保持一定的溫度和濕度，減輕壓力。

➕ 預防

上了年紀後就容易形成腫瘤。多留心配合年齡的飲食生活，就能加以預防。

有硬塊或疙瘩

腫瘤

兔子常見的腫瘤 ▶▶▶ 睪丸癌、基底細胞癌、乳腺癌、子宮癌（不會出現在體表） 等

◉ 主要原因和症狀

腫瘤有良性和惡性之分，惡性的稱為「癌」。發病原因有病毒或化學物質等各式各樣，不過高齡兔的發病率高，也有可能是遺傳的關係。依照腫瘤形成的部位，有些病例即使罹患腫瘤仍然健康，也有些病例會出現血尿或食慾低下等其他症狀。兔子的腫瘤有不少是惡性的，所以一發現硬塊，就儘速接受診療吧！

✚ 治療

可以切除的腫瘤就手術切除。發現已經轉移到其他器官，或是正在進行的癌症時，也可以抗癌藥物進行治療。

✚ 預防

雄兔的睪丸癌、雌兔的乳腺癌及子宮癌都可藉由避孕手術來避免。因為難以預防，所以只能致力於平日的確認來早期發現。

✚ 家庭中的護理

注意減少對兔子身體的負擔。腫瘤如果摩擦地面受到污染可能會引發二次性疾病，請經常保持體表清潔。

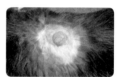

基底細胞癌的病例。出現在體表，是兔子常見的腫瘤。

膿瘍

兔子常見的膿瘍 ▶▶▶ 臉部形成的膿瘍 等

◉ 主要原因和症狀

膿瘍是膿液堆積形成如硬塊般的東西。特徵是觸感比腫瘤柔軟。也可能由打架或意外造成的傷口所引起。不過對兔子來說，幾乎都和咬合不正有關，因此，膿瘍大多會出現在顎下或臉頰、眼下等臉部周邊。有些情況可能會伴隨著流淚或是呼吸障礙。

✚ 治療

做頭部X光檢查，確認牙齒及其周圍的狀況，選擇適當的治療。有時可能需要進行切除。

✚ 預防

讓兔子好好地吃牧草，以免發生咬合不正。建議做定期的牙科檢查。

✚ 家庭中的護理

沒有食慾時，飼主必須促使牠進食。掌握所吃的量，避免讓兔子的體力低下。

因為咬合不正造成眼下形成大膿瘍的病例。

掉毛・禿毛

有各種不同的原因。特定後再進行治療吧！

主要原因和症狀

出現在皮膚的異常，除了打架等造成的傷口之外，絕大部分都是免疫力低下所引起的。要避免兔子免疫力低下，請注意右記的內容，但其實這些都是飼養兔子時的基本事項。

避免罹患皮膚病的重點

- 籠子裡要保持適溫
- 籠子裡要保持清潔
- 給予營養均衡的飲食
- 不加諸過度壓力

掉毛的主要原因和治療方法

	病名	原因和症狀	治療	預防
症狀會出現在體表各種部位	細菌性皮膚炎	這是細菌感染造成皮膚發炎的疾病，也稱為膿皮症。大多是咬合不正等其他疾病造成的二次性發病，常見於眼睛周圍、顎下、陰部等。患部皮膚可能會出現濕潤紅腫、掉毛等症狀。 由於淚囊炎造成被毛濕潤，引發細菌性皮膚炎的兔子。	找出造成感染的根本疾病，進行必要的治療。同時以抗菌藥物治療患部。	留心衛生的環境，注意避免被毛濕潤。咬合不正可能會成為發病的契機，所以請留意牙科診察和牙齒的檢查。
	真菌性皮膚炎	就兔子來說，常見由黴菌之一的皮膚絲狀菌所引起的皮膚絲狀菌症。就算有黴菌存在，只要健康，症狀就不會出現；但是當某種壓力造成免疫力降低時，就會發病。患部會開始掉毛，出現皮屑。 因為皮膚絲狀菌造成被毛呈圓形脫落的兔子。	用顯微鏡觀察被毛和皮屑，進行培養後，特定菌種。治療上會處方抗真菌藥。由於在少數情況下也可能會傳染給人類，所以也要接受相處方式的指導。	進行籠子和用品的大掃除，將用品完全乾燥，創造衛生的環境。注意不要給予兔子壓力。

	病名	原因和症狀	治療	預防
症狀會出現在體表各種部位	蟎蟲感染	兔子感染到肉食蟎和兔囊凸氂蟎。特徵是出現皮屑和脫毛，而且伴隨搔癢。肉食蟎也會叮咬人。複數飼養時，如果有1隻出現症狀，可能其他兔子也會受到感染，所以要全部接受診察。 肉食蟎	用顯微鏡觀察被毛，確認蟎蟲的成蟲和卵。注射驅蟲劑，投與數次點滴。也有使用藥用洗毛精的方法，不過對於沒有沐浴經驗的兔子會有危險，最好避免。	做好萬全的溫度‧濕度管理。藉由梳毛來促進換毛，仔細清掃脫落毛，保持衛生的環境。
	自行拔毛	有些兔子只要感受到巨大壓力就會自行拔毛。老是在相同部位拔毛，可能會形成禿毛或是引起二次性細菌感染。	對飼主進行問診來找出原因。有二次性感染時，要進行針對該感染的治療。	最重要的是要減輕對兔子的壓力。雌兔可能有因為發情壓力而揪毛的情形，所以實行避孕手術也可以預防。
症狀會出現在腳底	足部皮膚炎（兔腳瘡）	腳底紅腫，一旦惡化，就會發熱出膿。可能會因為疼痛而不想走路，食慾低落。遺傳性的腳底被毛稀薄、因為肥胖造成體重增加、籠子的地板不適合兔子的生活（難以行走、過度平坦、不衛生等）等都是原因。大部分的情況都是後腳出現症狀。 持續使用潮濕的木踏墊，引發足部皮膚炎的兔子。	塗抹外用藥，指導飼主改善飼養環境。症狀嚴重時，也可能會讓兔子服用抗菌藥。	鋪上腳踏墊等，整理成對腳底沒有負擔的環境。藉由飲食管理和運動，避免兔子肥胖，還有要讓兔子習慣被抱以便檢查腳底也是很重要的。

排尿異常

尿量比平常多

可能的疾病 ▶▶▶ 腎衰竭

主要原因和症狀

　　腎臟有病，尿量就可能變多。腎臟機能低下常見於高齡兔，除了多尿之外，也可能出現食慾不振、不活動、大量飲水、下痢等症狀。

✚ 治療

進行全身診察和血液檢查。也可以施行將腎臟機能低下導致堆積於體內的老舊廢物排出的治療，不過這種病大多無法獲得改善。

✚ 家庭中的護理

大多會住院治療，如果要在家中照顧，飼主應依照指示餵藥，儘量給予安靜的環境，減輕壓力。

✚ 預防

不忽略微小的不適是很重要的。到了5歲左右，就要在健康檢查中追加血液檢查等，請醫院做詳細的診斷。

一直跑廁所

可能的疾病 ▶▶▶ 膀胱炎、膀胱結石　等

主要原因和症狀

　　可能是膀胱發炎所引起的膀胱炎。大多是細菌感染所造成，特徵除了頻繁上廁所外，還會在不同於平常的場所排泄、出現尿色變成暗紅色或褐色的情形。不過，就算罹患了膀胱炎或膀胱結石，這些症狀也可能不會出現。

✚ 家庭中的護理

依照原因，必須進行飲食管理或幫助排尿。請遵從獸醫師的指示。

✚ 預防

給予營養均衡的飲食和新鮮的飲水，可做為預防。肥胖也可能是原因，請注意避免讓兔子肥胖。

✚ 治療

進行尿液和血液檢查、X光檢查等，注射抗菌劑並處方內服藥。原因如果是腫瘤或結石，也可進行手術切除。

又想上廁所了…

排不出尿

可能的疾病 ▶▶▶ 尿道結石

🔘 主要原因和症狀

出現想要排尿的樣子卻排不出尿,原因可能是結石堵住了尿道。兔子會難受到失去活力和食慾,排泄時會出現使勁的動作,有時還會咬牙切齒。

尿不出來…

➕ 家庭中的護理

只能以手術取出結石,所以在手術後營造可以安靜度過的環境是很重要的。

➕ 治療

以X光檢查確認結石的位置和大小後,施行手術取出結石。也可進行血液檢查,以確認腎臟機能是否低下。

➕ 預防

攝取過多的鈣會提高發病率。仔細確認顆粒飼料和零食類的標示,選擇含鈣量較少的種類,可做為預防。

尿液顏色異常

可能的疾病 ▶▶▶ 膀胱炎、尿石症、子宮疾病 等

🔘 主要原因和症狀

即使是健康的兔子也會排出濁白色、淡黃色、橘色、紅色等各種顏色的尿液,不過其中也可能有雜了血的情形。排出血尿可能是罹患了膀胱炎或膀胱結石、子宮的疾病。因為難以分辨,所以感覺不對勁時,最好儘快向獸醫師詢問。

➕ 治療

進行尿液和血液檢查、X光檢查,以找出特定原因。結石或子宮疾病可進行手術摘除。

➕ 家庭中的護理

進行手術時,請打造一個手術後可以安靜度過的環境。如果有處方藥物,請依照指示給予。

小便的顏色不對勁嗎?

➕ 預防

避免鈣質過多的飲食生活是很重要的。子宮疾病可以藉由避孕手術來預防。

排便異常

顆粒小，或是排不出來

可能的疾病 ▶▶▶ **胃腸道停滯（毛球症、盲腸便秘、鼓腸症 等）**

🔵 主要原因和症狀

原因是胃腸的機能低下。除了排不出糞便或是顆粒變小之外，也可能出現食慾不振或腹部鼓脹、一動也不動、咬牙切齒等症狀。由於對兔子來說是很嚴重的，要儘快接受獸醫師的指導。

> ⚠️ **什麼是胃腸道停滯？**
>
> 吞下的被毛堵住胃部出口的毛球症、腹部堆積氣體的鼓腸症、下痢或便秘等某種原因造成胃腸機能低下所引起的症狀，統稱為「胃腸道停滯」。

Pick Up!

兔子常見的胃腸道停滯的機制

正常的腸子

對兔子而言的非必看食物和有害物質

壓力

食物纖維不足

停滯的腸子

堵住

糞便比平常小粒、排不出去、下痢

吃下碳水化合物或穀類等，使得腸內細菌異常發酵，以及食物纖維偏少的飲食內容、強大的壓力等原因，都會造成胃腸機能低下，使得糞便出現異常。

➕ 治療

配合症狀投與整腸劑或食慾促進劑，或是施行點滴。毛球症可能需要進行開腹手術取出毛球。飼主也要接受飲食內容的指導。

➕ 家庭中的護理

給予食物纖維豐富的牧草和新鮮的飲水，輔助胃腸機能的改善。注意避免緊迫盯人的照顧，以免帶給兔子壓力。

➕ 預防

避免給予會對腸內環境帶來不好影響的豆類或麥類、高蛋白且糖分多的零食類等，注意營養均衡的飲食。

軟便

可能的疾病 ▶ ▶ ▶ 球蟲症、食物纖維不足 等

◉ 主要原因和症狀

造成下痢的原因有許多，兔子常見的下痢原因有：球蟲寄生、食物纖維不足的飲食生活、胃腸道的停滯等。尤其是剛生下不久的幼兔，下痢更是攸關生死，必須迅速治療。要注意避免被毛遭到排便污染而引起二次性感染症。

✚ 治療

依照原因和症狀而異，不過為了讓腸內環境正常化，會投與整腸劑等。也會指導飼主飲食內容。

✚ 家庭中的護理

在獸醫師的指示下改善飲食內容。如果有特別指導，有時幫牠溫暖腹部或是做做按摩也不錯。

✚ 預防

籠內要保持清潔，徹底做好溫度‧濕度管理。充分給與食物纖維多的牧草，注意營養均衡的飲食。

Pick Up!

幼兔的下痢必須特別注意!!

出生滿3個月前的幼兔，身體還未長成，只要稍微的環境變化就可能發生脫水症狀，變成下痢，有時甚至會導致死亡。不要一來到家中就立刻摸個不停，或是不斷改變飲食內容，或是將籠子放置在溫度變化大的場所等。

因為人家很嬌弱嘛！

153

腹部鼓脹

 可能是胃腸道停滯或
子宮疾病(雌兔)

主要原因和症狀

可能是胃腸機能低下，未消化的食物發酵後，氣體堆積在腹部的鼓腸症；若是雌兔，也有可能是子宮疾病。鼓腸症只要一碰到肚子就會感到疼痛，或是變得沒有食慾和活力。另一方面，子宮疾病的初期症狀大概只有血尿而已，只有到了末期食慾才會降低，一般大多還是會充滿活力，所以發現時往往太遲了。子宮持續出血，或是腫瘤等壓迫到內臟的話，兔子可能會變得不想活動，呼吸困難。

✚ 治療

如果是子宮疾病，先以超音波檢查或X光檢查、血液檢查等確認狀態，再以開腹手術摘除子宮和卵巢。若是負擔太大時，也可能不進行摘除。胃腸道停滯請參照152頁。

✚ 家庭中的護理

請整理好可以安靜休養的環境，以便術後或是在家中進行療養。

✚ 預防

子宮疾病可藉由避孕手術來預防。如果不施行手術，過了3歲後，健康檢查的頻度要比以前增加，以便早期發現。

和糞便相關的疑問

Q 兔子會吃糞便。
應該制止牠嗎？

A 這是為了攝取營養的
正常行為。

除了會滾動的圓形糞便之外，兔子也會排出有如葡萄串般的盲腸便。盲腸便對兔子來說其實是營養豐富的大餐。吃盲腸便是正常行為，所以不可制止牠。

Q 排出像珍珠項鍊般相連的糞便，
是生病嗎？

A 這是吞下的毛和糞便
一起排出來了。

這是吞下的毛被排出來的情況，雖然還稱不上是疾病，不過吞入體內的毛量可能有不少。如果持續排出這樣的糞便，不妨向獸醫師詢問看看。

動作異常

頸部突然歪斜

可能的疾病 ▶▶▶ 中耳炎、兔腦炎微孢子蟲症、腦部疾病　等

主要原因和症狀

　　耳中的細菌感染或是兔腦炎微孢子蟲菌侵入腦部造成頸部歪斜的狀態就稱為斜頸。也可能因為不明原因而突然發病。有時眼睛和頭部會搖搖晃晃，失去平衡地倒下。

斜頸的病例。
頸部一直
向右歪斜，
無法回復。

✚ 治療

進行耳朵的檢查、X光或CT檢查、抽血等探查原因。有時必須做長期性的治療。

✚ 家庭中的護理

視疾病進行的程度，生活上的一切都必須給予幫助。如果一發現就立刻開始治療，也有完全治癒的可能，但如果太慢就可能會留下殘障。

✚ 預防

因為是突然發病，所以難以預防；不過耳中保持清潔，避免飼養環境不衛生，也可做為間接性的預防。

幾乎一動也不動

可能的疾病 ▶▶▶ 受傷、骨折、所有疾病都有可能

主要原因和症狀

　　很有可能是因為疼痛和難過而變得無法動彈。如果拖著腳走路，或是走路時腳無法著地，就有可能是扭傷或骨折、脫臼等。完全不動、顯得精疲力盡時，對兔子來說是非常緊急的狀況。請確認呼吸的急促度、是否還有其他任何症狀等，然後打電話給動物醫院，說明兔子的狀態後再前

前腕骨骨折
的兔子的
X光照片。

往。醫院方面會藉由X光檢查和血液檢查等找出原因，擬定治療方法。

考慮避孕手術

如果不希望將來繁殖，不妨考慮去勢・避孕手術。
也可以預防生殖器官的疾病，減輕問題行為。

考慮優點和缺點後再做決定

雄兔一旦成熟就會主張地盤地做出噴尿行為，或是對人做出騎乘動作；雌兔則可能反覆發生沒有懷孕卻開始築巢的假懷孕。一般認為要改善這些對人來說有點困擾的行為，實施避孕手術是有效的，而且也可以預防生殖器官的疾病，所以若沒有繁殖的預定，不妨考慮看看。

▶ 施行避孕手術前的 3 點確認

到了可以手術的年齡了嗎？

不管是雄兔還是雌兔，最好在出生後6個月到1歲左右時完成。考慮到對兔子的負擔，最好避免太早進行手術。

兔子健康嗎？

手術必須全身麻醉，對兔子來說是有風險的。儘量選擇在健康狀態良好的時候進行。雌兔如果太胖，手術將很難施行。

將來有沒有繁殖的計畫？

當然，進行手術後，就無法生兔寶寶了。請仔細考慮後，再決定是否進行避孕手術。

雄兔的去勢手術

手術內容

施行全身麻醉，摘除左右睪丸，縫合傷口。約10天後拆線。

大致費用

約2～4萬日圓（有時必須另外繳交住院費用）。

住院期間

約1、2天。

○ 優點

- 噴尿行為消失了。
- 不再做騎乘動作。
- 具有攻擊性的性格變得溫順。
- 不會罹患睪丸癌等生殖器官的疾病。

✕ 缺點

- 無法再繁殖。
- 全身麻醉有風險。（※）
- 容易肥胖。

變胖了…

雌兔的避孕手術

手術內容

施行全身麻醉，開腹摘除卵巢（或是卵巢和子宮），縫合傷口。約10天後拆線。

大致費用

約3～7萬日圓（有時必須另外繳交住院費用）。

住院期間

約1～5天。

○ 優點

- 可以避免意外懷孕。
- 不會再有假懷孕。
- 性格變得溫順。
- 不會罹患子宮疾病等生殖器官的疾病。

✕ 缺點

- 無法再繁殖。
- 施行全身麻醉進行開腹手術，手術中的風險比雄兔大。（※）
- 容易肥胖。

兔寶寶

處理受傷和意外

先記住緊急處理的知識，以免萬一發生事故時，
飼主慌張失措而造成兔子的情況惡化。

兔子發生意外時請沉著應對

當兔子受傷，或是突然不舒服時，請先做好避免讓兔子情況惡化的緊急處置後，再帶往動物醫院。由於一般人很難進行適當的處置，因此不妨先打電話，一邊聽從醫院方面的指示一邊進行。就算看起來只是輕度症狀，不過意外所造成的壓力還是可能導致身體變差，所以處置後請到醫院接受診察。

Point!

先準備好兔子專用的急救箱

要避免緊急時慌張失措，先準備好兔子專用的急救箱比較安心。消耗品或是有使用期限的物品，請定期檢查補充。建議外出時也攜帶急救箱。

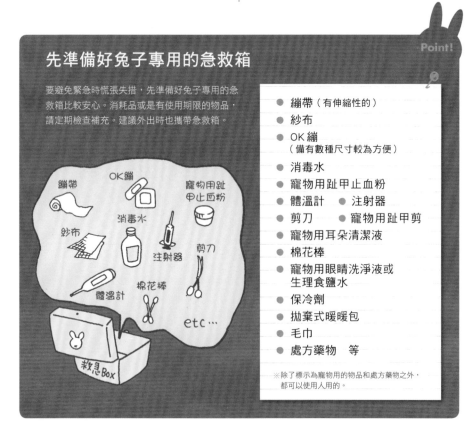

- 繃帶（有伸縮性的）
- 紗布
- OK繃
  （備有數種尺寸較為方便）
- 消毒水
- 寵物用趾甲止血粉
- 體溫計　● 注射器
- 剪刀　● 寵物用趾甲剪
- 寵物用耳朵清潔液
- 棉花棒
- 寵物用眼睛洗淨液或
  生理食鹽水
- 保冷劑
- 拋棄式暖暖包
- 毛巾
- 處方藥物　等

※除了標示為寵物用的物品和處方藥物之外，
　都可以使用人用的。

從高處落下

▶▶▶ **裝入狹窄處後送往動物醫院**

限制行動，
以免兔子疼痛亂動

　　如果腳還能著地，可能是扭傷或撞傷；完全無法著地就可能是骨折或脫臼。由於兔子可能會因為疼痛而亂動，所以要裝入提籠或紙箱等狹窄處，限制行動後送往動物醫院。兔子不喜歡夾板，反而可能會讓情況惡化，所以可不使用夾板。

流血

▶▶▶ **止血消毒**

壓迫患部進行止血

　　如果是小傷口，可以放上紗布或毛巾，從上面按壓止血，進行消毒。兔子亂動時，放進提籠或紙箱等狹窄的場所，可以讓牠穩定下來。趾甲剪過頭而流血時，用止血粉止血。

燒燙傷

▶▶▶ **冷敷後送往動物醫院**

確認患部後做冷敷

　　明確知道牠碰觸到高溫物體時、發出像燒焦的味道時，可能是燒燙傷了。確認皮膚上有沒有發紅或燒燙傷的痕跡，使用以毛巾裹住的保冷劑或冰水進行冷敷後，帶到醫院。

中暑

▶▶▶ 冷卻身體後送往動物醫院

充分冷卻身體，
以降低體溫為首要

在溫度超過30度、通風不良的場所，兔子會中暑。如果呼吸急促、癱軟無力，就是緊急事態了。因為攸關性命，所以即使被毛會被弄濕，還是要用浸過冰水的毛巾包裹全身，或是用保冷劑或冰水儘量降低體溫後，儘快送往動物醫院。在預防上，請避免盛夏時節的外出或是長時間放置在車中等。

觸電

▶▶▶ 送往動物醫院

戴上橡膠手套後
再確認意識

大部分的兔子觸電都是啃咬電線所引起的。這個時候，人也要先戴上橡膠手套避免觸電，再切斷電源，拔掉插頭後確認兔子的意識。即使還有意識，也可能發生口中燒燙傷的情形，所以請帶到醫院診察。

被咬

▶▶▶ 消毒後帶往動物醫院

消除患部後
帶往動物醫院

兔子互相打架或是被同居的動物咬到時，傷口可能會化膿。請消毒患部後，帶到動物醫院進行處置吧！兔子在興奮狀態下也可能會咬飼主，請注意。

中毒

▶▶▶ 送往動物醫院

確認進入口中的東西為何，帶往動物醫院

大多數的案例都是讓牠從籠子出來外面玩時，誤食到不可以吃的東西。兔子不會吐，所以要到醫院請醫師診察。帶著你認為可能誤食的東西，或是記下筆記，向獸醫師諮詢。

可能會引起中毒的東西

- 蒜頭
- 韭菜
- 酪梨
- 馬鈴薯的芽和皮
- 生黃豆
- 咖啡
- 茶
- 巧克力
- 所有的觀葉植物
- 香菸
- 殺蟲劑
- 防腐劑
- 化學藥品

等

※ 不可以給予的食物請參考 116、117頁

兔子 MEMO

帶往動物醫院時的注意事項

1 從平常就要先讓牠習慣醫院
藉由定期健康檢查等先讓牠習慣醫院，好讓處置能順利進行。

2 一定要裝入有穩定感的提籠中移動
移動的時候一定要裝入提籠中。腳部穩定了，兔子也會安穩下來。

3 夏天保持涼爽，冬天保持暖和
為了避免兔子的身體狀況惡化，不要忘了提籠內的溫度管理。夏天活用涼板或保冷劑，冬天則要活用拋棄式暖暖包等。

在家中看護時

兔子的身體很小，所以身體狀況一旦惡化就可能致命。
來學習可以減輕壓力的照顧方法吧！

看診後請遵照
獸醫師的指示

看診後一定要遵守獸醫師的指示。除了藥量，重要的是不可因為看起來好像痊癒了，就自行判斷不再投藥。如果有不放心的事或是不知如何判斷的問題時，請以電話詢問獸醫師。

徹底做好
室溫的管理

身體不舒服時，溫度的變化會成為兔子的負擔。用空調等進行溫度管理，讓放置籠子的房間保持一定溫度。此外，過度乾燥或濕度過高對體力低落的兔子來說是致命的。配合使用加濕器或除濕機，徹底做好濕度管理。

注意要讓
兔子安穩

身體衰弱時，會變得更加神經質。請注意打造讓兔子能在安靜場所安穩下來的環境。不要發出巨大聲響，用浴巾覆蓋在籠子上，不做不必要的干涉。複數飼養或是有其他同居的動物時，要避免牠們和生病的兔子接觸。請比健康時更加細心注意。

餵藥時請迅速完成

　　為了避免讓兔子在身體不舒服時消耗更多體力，投藥時最好輕柔、迅速地進行。請務必遵守獸醫師指示的用量和給予方法。

Point!

先讓兔子習慣注射器

裝入兔子喜愛的蔬果汁，練習用注射器餵食。如果先讓兔子學習到這樣可以獲得好吃的東西，餵藥就會變得輕鬆。

碎！

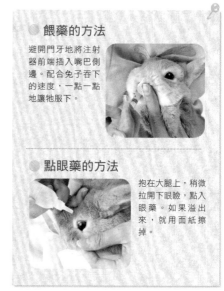

● 餵藥的方法

避開門牙地將注射器前端插入嘴巴側邊。配合兔子吞下的速度，一點一點地讓牠服下。

● 點眼藥的方法

抱在大腿上，稍微拉開下眼瞼，點入眼藥。如果溢出來，就用面紙擦掉。

沒有食慾時，要在餵食方法上下一點工夫

　　兔子的胃腸要經常蠕動才是理想的。就算沒有食慾，也要想辦法讓牠吃東西。將顆粒飼料磨碎，或是用水泡軟，比較容易食用；蔬菜類則要切碎或是弄成糊狀。

　　無法自行進食時，要用注射器將磨碎的飼料或水灌入兔子的口中。使用飲水瓶好像飲用困難時，可以換成放置型的飲水容器，直到痊癒為止。

換成放置型

鬆了就太好囉！

OK!!

顆粒飼料要磨碎或是用水泡軟

蔬菜要切碎

醫院處方的藥物

在此介紹處方給兔子使用的藥物中，最普通的種類。
先來了解各個藥物的作用以做為參考吧！

兔子沒有專用的藥物

處方給兔子使用的藥物並不是兔子的專用藥，絕大部分都是兔子使用也不會有問題的人類用藥或是其他的動物用藥。動物醫院也會藉由注射或點滴的方式來進行藥劑或補充營養的治療。動物醫院所處方的藥物，飼主一定要遵守所指示的餵藥方法，請勿自行判斷增加用量或是中途停藥。

主要的藥物種類

抗生素
可以殺菌，防止治療中的疾病惡化或是二次性疾病的發病。

止痛劑
緩和疼痛的藥。即使是外傷，比起外用藥膏，一般來說還是會處方內服藥物。

消炎藥
緩和伴隨疼痛或搔癢的紅腫症狀。

整腸劑
讓下痢或便秘等腹部不適正常化的藥。

點眼藥
液狀的眼藥水。眼睛出現異常時，也可能依照原因處方內服藥。

原來如此！

送別兔子

和兔子的告別

和如同家人般的兔子告別是令人難過的，
不過這個日子終究會來臨，先來想想不會後悔的送別方式吧！

我過得很快樂呢！

傳達「感謝」的心情

兔子的壽命，再怎麼長壽也不過是10年左右。飼主為牠送別的日子無可避免地一定會到來。對於有時快樂、有時煩惱地一起生活，教導自己學會尊重生命的兔子，請在傳達感謝的心情後送牠最後一程吧！送別方式有好幾種，請選擇對飼主來說最能接受的方法吧！

兔子的送別方式

● **埋葬在自家庭院**

不需要裝入任何容器中，或是簡單用布包起來後就直接埋葬，以便儘快回歸大地。為了避免被其他動物挖出來，可能的話，大約埋在1m深的地方會比較安心。如果埋在公園等公共場所會成為「非法棄置」，因為違反法律，所以不可埋葬於公共場所。

● **於寵物墓園中納骨**

基本上會先進行火葬，然後有在聯合供養碑裡集體厚葬、在墓園或納骨塔中個別納骨、領回骨灰埋於家中庭院等方法。

● **委託自治團體**

日本的保健所或清潔隊等，也可接受兔子遺體的委託。依不同的自治團體，有些單位可以在火葬後將骨灰還給飼主，有些單位則不然，訂定的費用等也各不相同，請向居住地區的自治團體進行確認。

兔子MEMO

萬一得了喪失寵物症候群

無法從失去寵物的喪失感或悲傷中重新站起來，失去活下去的幹勁，就稱為「喪失寵物症候群」。萬一得了喪失寵物症候群，請不要忍耐，不妨盡情哭泣，或是向周圍的人訴說關於兔子的回憶。如此一來，就能慢慢地接受兔子死亡的事實了。

必須知道的人畜共通傳染病

人畜共通傳染病（zoonosis）是指可能由動物傳染給人類的疾病。這樣寫可能會讓人不安，但其實只要在清潔的環境中健康地飼養兔子，就不是那麼可怕的事。

請注意避免讓兔子生病，不做出可能傳染的行為（用嘴巴餵食或是親吻等），還有摸過兔子後要洗手。

主要的人畜共通傳染病

● 皮膚真菌症

一種稱為絲狀菌的真菌所引起的皮膚病。如果接觸到帶病的兔子，罕見地也會傳染給人類。

● 沙門氏桿菌症· 弓漿蟲症

這是感染到名為沙門氏桿菌的細菌，或是被弓漿蟲這種寄生蟲所感染的疾病。萬一碰觸到病兔的排泄物，就有可能傳染給人類。

● 巴斯德桿菌症

因為感染了巴斯德桿菌，因而出現皮膚症狀或呼吸道症狀。被兔子咬到時，可能會經由傷口傳染給人類。

● 外部寄生蟲 （跳蚤·蟎蟲）

跳蚤·蟎蟲寄生會引起皮膚炎。寄生在兔子身上的跳蚤或蟎蟲，也會寄生在人的身上。

想要避免傳染⋯⋯

1 清潔兔子的飼養環境，不要讓兔子生病！

2 不可親吻或用口餵食！

3 摸過兔子後一定要洗手！

Chapter

8

兔子的
懷孕・生產・育兒

繁殖的基本知識

為了避免輕率地繁殖而產下不幸的兔子，
請先具備繁殖方面的正確知識。

兔子是繁殖能力很高的動物

　　兔子在野生狀態下是肉食動物的獵物，處於弱勢。因此，他們會有想要留下眾多子孫的強烈本能。性成熟也早，雌兔幾乎整年都在發情，可能會在不知不覺中就生下寶寶了。然而，生產對母兔來說是很耗費體力的行為。最好先確認過繁殖時期和適合繁殖的條件等，之後再進行。另外，不同品種間雖然也可以繁殖，但若想要純種或是有想要的被毛顏色等等有特別希望時，請在實際進行繁殖前先向專門店的人員諮詢。

▶ 繁殖前的 3 點確認

**兔子很多產，
能夠全部
飼養嗎？**

兔子一次會生出4～10隻小兔子。成長後，籠子也必須各自分開。你能負責任地好好飼養嗎？

**繁殖前
就要先找好
領養的人**

要將出生的小兔子送養出去時，儘早找到領養者是很重要的。生下之後才開始尋找，兔子可是很快就會長大的哦！

**要當爸媽的
兔子健康嗎？**

兔子生病，或是在病中病後身體衰弱的時候，請不要讓牠繁殖。年齡太小或是太老，也都不適合。

♂ 雄兔

- 性成熟：出生後5個月左右
- 適合繁殖的時期：出生後半年到5歲左右
- 發情周期：配合雌兔發情

♀ 雌兔

- 性成熟：出生後3個月左右
- 適合繁殖的時期：出生後半年到3歲左右
- 發情周期：一整年重覆進行10天左右的發情期和2、3天的休止期
- 排卵：在交尾的刺激下排卵
- 懷孕期間：30天左右

請充分考慮後再繁殖！

會生很多哦！

⚠ 不適合生產的兔子不要讓牠繁殖！

以下項目只要符合任何一項，最好就不要進行繁殖。

☐ 初次發情的交尾

☐ 已經超過2歲還沒有生產經驗

☐ 5歲以上的高齡

☐ 健康狀態並非萬無一失

☐ 肥胖

☐ 距離上次的生產還不到2個月

☐ 和近親兔子（親子・手足）間的繁殖

☐ 曾經產下異常的兔子

從相親到交尾

和人類一樣，彼此不投緣的話，就無法順利進行。
想要一舉成功，就慢慢地讓2隻兔子互相熟悉吧！

尋找對象的方法

● 迎進新兔子

從店家購買新兔子時，請注意兔子的年齡。帶回家後，也要等到出生後過了半年，適合繁殖的時期到來後才能進行繁殖。

● 向認識的人借

如果飼養的是雌兔，就帶到對方家裡；反之，就請對方將雌兔帶來家裡。這是因為雌兔不喜歡其他兔子進入自己的地盤，會變得具攻擊性的關係。

● 已經飼養2隻兔子時

條件是這2隻不是親子或手足等近親兔。因為近親兔彼此間的繁殖可能會產下身體異常的幼兔或是天生體弱的幼兔，所以不建議繁殖。

適合繁殖的時期

如果是飼養在清潔的籠子和適溫下的寵物兔，因為環境幾乎沒有變化，所以一整年都可能繁殖。不過，極度酷熱或是寒冷時期最好還是避免。

1 將籠子比鄰放置，讓牠們見面

突然將地盤意識強烈的兔子們放在一起，可能會打架，所以要將籠子比鄰放置，或是將雌兔放入籠子裡，只將雄兔放出來。

2 試著讓兔子出來外面玩玩看

如果兔子會透過籠子彼此嗅聞氣味，或是表現出有興趣的樣子，就試著讓牠們出來籠子外面玩玩看。

③ 雌兔抬高臀部，雄兔騎乘在雌兔上

雌兔抬高臀部，就是準備好接受雄兔的信號，而雄兔會好像從後面抱住雌兔般地騎乘在雌兔上。如果出現這個姿勢，交尾就成功了。交尾可能會反覆進行數次。

> **！ 交尾只有一瞬間。一不注意就會漏看**
>
> 兔子的交尾只有20～30秒的瞬間而已，飼主很可能會漏看。就算沒有看到交尾的樣子，讓牠們在一起的時間最多還是以半日為限。

④ 交尾結束後，將2隻兔子分開

如果看到雄兔發出「吱一」的叫聲後倒下，就是交尾結束的信號。請再度將牠們分開。如果讓牠們在一起太久，就算交尾已經成功了，還是會再次重覆交尾。

下次再說吧！

勇！

來，回去自己的籠子了

啊～

啊～？已經要分開了嗎？

嗯？

> **！ 如果打架了，就將牠們分開，改天再試試看！**
>
> 如果打起架來，就要立刻將牠們分開。2、3天後再度挑戰，如果還是不行，就換個對象吧！要分開牠們時可能會被咬，最好戴上粗布手套進行。

懷孕時、生產時的照顧

交尾如果成功，大約30天就會生產。
請整理環境，讓母兔可以安心地生產吧！

迎向生產，食物應充分給予

由於雌兔會因為交尾的刺激而排卵，交尾如果成功，就有相當高的機率懷孕。如果在交尾後3週左右體重增加的話，就是懷孕的信號。這個時候為了養育兔寶寶，雌兔會拚命進食，所以顆粒飼料和牧草可以讓牠愛吃多少就吃多少。懷孕期間約30天。過了懷孕的第3週，大約在生產的4、5天前就會開始築巢。

懷孕初期
（交尾～懷孕第2週）

和以前做同樣的照顧就可以了

懷孕初期（從交尾的第2天開始約2週左右），體重和食慾沒有太大的變化，所以無法明確知道是否已經懷孕。請比平常更勤於測量體重，注意體重的變化。清掃作業如平日般進行即可，飲食量也可以維持不變。如果已經懷孕，進入第3週後食慾就會增加，體重也會大幅增加。

懷孕中期
（懷孕第3週～）

給予比平常加倍量的飲食

顆粒飼料和牧草可以讓牠想吃多少就吃多少。市面上也有販售懷孕期用的高營養飼料，不過突然變更，有些兔子可能會不吃。請經常補充新鮮的水。

糟糕！吃掉2倍的飯糰了

大嚼特嚼
狼吞虎嚥

準備築巢

兔子一旦揪下自己胸部和腹部的毛或是收集牧草，開始築巢，就表示快要生產了。將母兔和幼兔一起進入也不會太過狹窄的巢箱放進籠子裡。過度寬敞會讓兔子不安穩，所以要配合體型大小，選擇剛剛好的尺寸。籠子裡面先鋪上充足的牧草以做為築巢用。

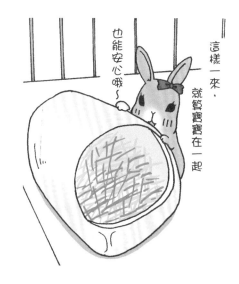

這樣一來，就算寶寶在一起也能安心哦～

臨近生產
（交尾後 25～30 天）

生產時
（交尾後約第 30 天）

不要過度干涉，讓兔子能安心生產

當生產接近，母兔會變得神經質，不喜歡被人摸，飼主的照顧也會給牠帶來壓力，所以請用浴巾等覆蓋在籠子上，遮蔽視線，創造安穩的環境。注意不要一直跑去偷看。

到幼兔斷奶為止

斷奶前的育兒，是母兔的工作。
請在一旁靜靜地守護，讓母兔可以安穩地育兒。

除了更換飲水和食物之外，不要打擾牠

這段期間是母兔變得非常神經質的時候。不要觸摸幼兔，除了更換食物和飲水之外，請不要靠近籠子。繼續用浴巾等覆蓋在籠子上，創造安穩的環境。給予母兔和懷孕中相同的食物量。到出生後約3週大為止，幼兔的食物只有母乳而已。

到出生後1週為止 ➡ **生後第3週**

兔子 MEMO

萬一母兔放棄育兒的話……

母兔放棄育兒時，請將成分未經調整的牛乳（人用）混合少量嬰幼兒用的乳酸菌，以注射器餵食。一天給予的量大約為幼兔體重的2成左右。依飲用的情況，一天分成1～3次給予。

開始吃母乳以外的東西

幼兔雖然還在喝母乳，不過出生3週後，也會開始吃磨碎或用水泡軟的顆粒飼料、柔軟的牧草等，請逐漸讓牠習慣吧！持續給母兔平常倍量的食物。

生產和育兒都由母兔獨力進行

兔子大多會在清晨生產。飼主因為擔心情況而想偷偷探視的心情雖然可以理解，但是過度干涉，可能會導致母兔放棄育兒，甚至把寶寶吃掉。為了讓母兔可以安穩地全心育兒，請別讓牠發現，靜靜地在一旁守護吧！生產後，籠子只做最低限度的清掃即可，除了更換食物和飲水之外，請不要靠近籠子。

逐漸回復母兔的飲食量

出生6週之後，幼兔會漸漸不喝母乳，完成斷奶。由於不需要再給幼兔營養了，所以母兔的食慾會漸漸降低。請花幾天的時間，一點一點地回復成平常的飲食量吧！

生後第6週 ● ● 生後第8週

將幼兔帶離母兔，分開籠子飼養

完成斷奶的幼兔，過了生後第8週，就是離開媽媽的時期。和母兔分開，將幼兔一隻一隻分別飼養。等出生2個月後，就可以交給願意領養的人。此時會因為環境的變化而感到壓力，變得容易下痢等，需注意。

● 監修者介紹

田向　健一

出生於愛知縣。麻布大學獸醫系畢業。田園調布動物醫院院長。在醫院傾注心力於小動物的診療上，除了為容易感受壓力的兔子設置關懷的「兔子專門門診」外，擔任兔子專門雜誌的報導監修和與小動物相關的著作也有多數。

田園調布動物醫院
http://www.5f.biglobe.ne.jp/~dec-ah/

日文原書工作人員

● 攝影──大森大祐（大森大祐寫真事務所）
● 插畫──尾代ゆうこ
● 設計──柿沼みさと
● 編輯助理──永瀨美佳 長島恭子 佐藤英美（ラッシュ）

● 取材・攝影協助──兔子的尾巴橫浜店
　　　　　　　　　http://www.rabbittail.com/
● 攝影協助──フィールドガーデン（カインズホーム城山店內、カインズホーム町田多摩境店內）http://www.fieldgarden.jp/
　　　　　　　茂木宏一（チョビンちゃん、デイジーちゃん、ジェニファーくん、ジェニファーベビーちゃん）
● 照片協助──田向健一（病例照片）

國家圖書館出版品預行編目資料

可愛的兔子飼育法 / 田向健一監修；彭春美譯.
-- 二版. -- 新北市：漢欣文化, 2019.07
176面；21X15公分. --（動物星球；10）
ISBN 978-957-686-778-1(平裝)

1.兔 2.寵物飼養

437.374　　　　　　　　　　　　108009460

動物星球 10

可愛的兔子飼育法（暢銷版）

監　　　修 / 田向健一
譯　　　者 / 彭春美
出　版　者 / 漢欣文化事業有限公司
地　　　址 / 新北市板橋區板新路206號3樓
電　　　話 / 02-8953-9611
傳　　　真 / 02-8952-4084
郵 撥 帳 號 / 05837599 漢欣文化事業有限公司
電 子 郵 件 / hsbookse@gmail.com
二 版 一 刷 / 2019年7月